Fakhir Ali Almousa Alfatlawy

Implementação de uma rede de sensores sem fios com o Arduino Uno R3

Fakhir Ali Almousa Alfatlawy

Implementação de uma rede de sensores sem fios com o Arduino Uno R3

ScienciaScripts

Imprint

Cover image: www.ingimage.com

This book is a translation from the original published under ISBN 978-620-2-31594-4.

Publisher:
Sciencia Scripts
is a trademark of
Dodo Books Indian Ocean Ltd. and OmniScriptum S.R.L publishing group

120 High Road, East Finchley, London, N2 9ED, United Kingdom
Str. Armeneasca 28/1, office 1, Chisinau MD-2012, Republic of Moldova, Europe
Printed at: see last page
ISBN: 978-620-7-93529-1

ACKNOLEDGEMENT

Antes de mais, muito obrigado a Alá Todo-Poderoso que me deu esta capacidade e força para iniciar a investigação da ideia e escrever este livro até ao fim

Por último, mas não menos importante, gostaria de agradecer ao meu pai, aos membros da minha família e aos meus amigos (especialmente ao meu amigo Dr. Fadel Sahib) pelo incentivo e apoio constantes que me deram durante todo o meu período como estudante de mestrado, o que me ajudou a continuar e a nunca desistir

Resumo

O objetivo do projeto era implementar uma rede de sensores inteligentes, controlando remotamente dispositivos electrónicos no local e recebendo um alerta em caso de intrusão ou movimento nas instalações restritas. Os dispositivos foram controlados por um microcontrolador e os alertas foram também recebidos sob a forma de SMS, mencionando a atividade que ocorria em redor e no interior das instalações. A aplicação era constituída por duas unidades, o microcontrolador e a unidade móvel. A unidade móvel actuava como um recetor para obter respostas do microcontrolador. Para além disso, a unidade de microcontrolador era responsável pela leitura das entradas dos sensores e pelo envio de alertas para a unidade móvel.

A plataforma Arduino foi utilizada como plataforma do sistema com a placa Arduino Uno como placa do microcontrolador. O módulo SIM900 GPRS/GSM foi utilizado para comunicar entre a unidade de microcontrolador e a unidade móvel.

O sistema pode ser instalado em qualquer local e pode ser controlado por um microcontrolador. O telemóvel não precisa de ter quaisquer características especiais, nem hardware, nem qualquer aplicação especial para utilizar o sistema. O sistema é composto por sete sensores que são utilizados como sensor de temperatura, detetor de intrusão (sensor de porta) e sensor de movimento, sensor de distância e sensor de luz, juntamente com um sistema de luz gerido à distância.

O objetivo do projeto foi alcançado com êxito. No entanto, o sistema está limitado à disponibilidade da rede GSM, uma vez que a rede GSM é responsável pela comunicação entre a estação móvel e o módulo GPRS. O projeto poderia ser alargado utilizando a comunicação sem fios ou a comunicação via Internet juntamente com a rede GSM para reduzir a limitação na ausência de rede GSM.

Palavras-chaveGSM , Arduino, SIM900, comando AT, sensor, SMS, (LM35, PIR, efeito hall, ultrassónico, porta, movimento, som, luz,) estação móvel.

Conteúdo

Lista de acrónimos

ABS – Antilock Braking System

ADC – Analog to Digital converter

ALU – Arithmetic Logic Unit

AC – Analog Current

AT – Attention

AVR – Analog Voltage Regulator

BSC – Base Subsystem Controller

CMOS – Complementary Metal Oxide Semiconductor

CPU – Central Processing Unit

DC – Direct Current

DCS – Digital Control System

DSP – Digital Signal Processing

EAC – Environment Alarm Controller

EEPROM – Electrically Erasable Programmable Read Only Memory

FTDI – Future Technology International

GND – Ground

GPIO – General Purpose Input Output pins

GPRS – General Packet Radio Service

GSM – Global System for Mobile Communication

HTTP – HyperText Transfer Protocol

ICSP – In Circuit Serial Programming

IDE – Integrated Development Environment

IR – Infrared

LED – Light Emitter Diode

MSC – Main Station Controller

MCU – Microcontroller Unit

MISO – Master In Slave Out

MOSI – Master Out Slave In

PIR – Passive Infrared

PIN – Personal Identification Number

PWM – Pulse Width Modulation

RISC – Reduced Instruction Set Computer

SCLK – Serial Clock

SIM – Subscriber Identity Module

SMSC – Short Message Service Centre

SPI – Serial Peripheral Interface

SRAM – Static RAM

SMT – Surface Mount Technology

USB – Universal Serial Bus

VCC – Voltage collector

VF – Junction Forward Voltage

VOUT – Output Voltage

Capítulo 1

1.1 **Introdução geral.**

Não há muito tempo, trabalhar num círculo eletrónico de fabrico para fazer um determinado trabalho significa construir um desenho eletrónico de componentes complexos, como resistências, condensadores, transístores, bobinas ....
etc.

O projeto de circuitos electrónicos fixos (circuito integrado) e a alteração ou modificação de uma pequena parte significam muitas operações complexas como soldar (chumbo) e cortar fios e reconsiderar os gráficos electrónicos e muitas coisas são irritantes e isso levou a que o trabalho de desenvolvimento de produtos electrónicos fosse limitado a um grupo de engenheiros profissionais apenas, Em primeiro lugar, utilizámos no projeto o microcontrolador do tipo Arduino e este microcontrolador é fornecido pela empresa ATmega 328p,[1] um microcontrolador é um pequeno computador num único circuito integrado que contém um núcleo de processador, memória e periféricos de entrada/saída programáveis. (frequentemente designados por GPIO - General Purpose Input Output Pins).

Os microcontroladores são utilizados em produtos e dispositivos controlados automaticamente, como sistemas de controlo de motores de automóveis, dispositivos médicos implantáveis, controlos remotos, máquinas de escritório, aparelhos, ferramentas eléctricas, brinquedos e outros sistemas incorporados. Ao reduzirem o tamanho e o custo em comparação com uma conceção que utiliza um microprocessador, memória e dispositivos de entrada/saída separados, os microcontroladores tornam económico o controlo digital de um número ainda maior de dispositivos e processos. Os microcontroladores de sinal misto são comuns, integrando componentes analógicos necessários para controlar sistemas electrónicos não digitais

Alguns microcontroladores podem utilizar palavras de quatro bits e funcionar a frequências de relógio tão baixas como 4 kHz, para um baixo consumo de energia (mille watts ou microwatts de um dígito). Em geral, têm a capacidade de manter a funcionalidade enquanto aguardam um evento, como o premir de um botão ou outra interrupção; o consumo de energia durante o repouso (relógio da CPU e a maioria dos periféricos desligados) pode ser de apenas nanowatts, o que torna muitos deles adequados para aplicações com baterias de longa duração. Outros microcontroladores podem servir funções de desempenho crítico, em que podem ter de atuar mais como um processador de sinal digital (DSP), com velocidades de relógio e consumo de energia mais elevados

Desde o aparecimento dos microcontroladores, têm sido utilizadas muitas tecnologias de memória diferentes. Quase todos os microcontroladores têm pelo menos dois tipos diferentes de memória, uma memória não volátil para armazenar firmware e uma memória de leitura-escrita para dados temporários

A figura (1-1) mostra o diagrama de blocos do microcontrolador

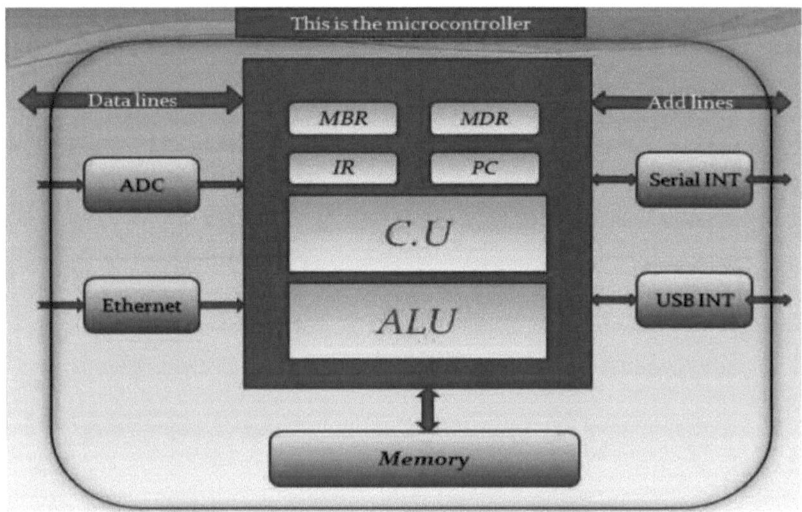

Figura (1-1) o diagrama de blocos do microcontrolador [2]

Um microcontrolador pode ser considerado um sistema autónomo com um processador, memória e periféricos e pode ser utilizado como um sistema incorporado. A maioria dos microcontroladores atualmente utilizados está integrada noutras máquinas, como automóveis, telefones, electrodomésticos e periféricos para sistemas informáticos. Embora alguns sistemas incorporados sejam muito sofisticados, muitos têm requisitos mínimos de memória e comprimento de programa, sem sistema operativo e com baixa complexidade de software. Os dispositivos típicos de entrada e saída incluem interruptores, relés, solenóides, LEDs, ecrãs de cristais líquidos pequenos ou personalizados, dispositivos de radiofrequência e sensores de dados como a temperatura, a humidade, o nível de luminosidade, etc. Os sistemas incorporados não têm normalmente teclado, ecrã, discos, impressoras ou outros dispositivos de E/S reconhecíveis de um computador pessoal e podem não ter dispositivos de interação humana de qualquer tipo [2].

O microcontrolador ATmega328 é um microcontrolador CMOS (Complementary Metal Oxide Semiconductor) de 8 bits de baixa potência baseado na arquitetura RISC (Reduced Instruction Set Computer) melhorada do AVR. A poderosa execução de instruções num único ciclo de relógio permite atingir taxas de transferência de 1 MIPS por MHz, permitindo ao projetista otimizar o consumo de energia em função da velocidade de processamento. [3] e a figura (1-2) mostram este tipo de microcontrolador

Figura (2-1): Dois microcontroladores ATmega [1]

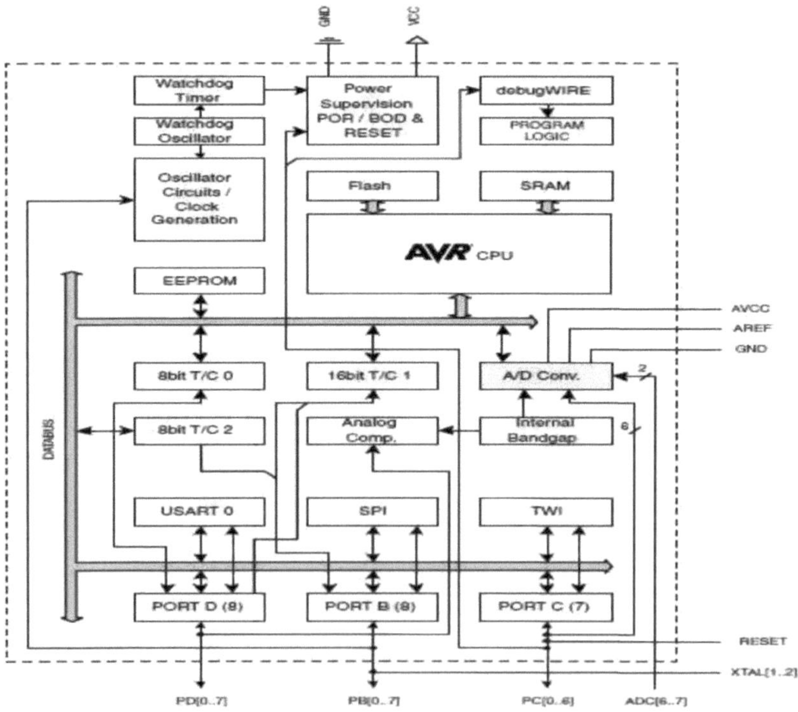

Figura (1-3): Arquitetura do microcontrolador ATmega328

Reproduzido da ficha de dados do ATMega328 [3]

O microcontrolador utilizado no Arduino Uno é do tipo ATmega328P, a arquitetura interna geral do microcontrolador é apresentada na figura (1-3). A unidade central de processamento (CPU) é o cérebro do microcontrolador que controla a execução do programa. A MCU (unidade de microcontrolador) é constituída por 4K/8K bytes de memória flash programável no sistema com capacidade de leitura enquanto se escreve, 256/412/1K bytes de EEPROM e 512/1K/2K bytes de SRAM. Para além disso, o MCU possui muitas outras características:

- 23 linhas de E/S de uso geral e 32 registos de trabalho de uso geral

- 3 temporizadores/contadores flexíveis com modos de comparação, interrupções internas e externas e uma USART programável em série

- Uma interface série de 2 fios orientada para bytes, uma porta série SPI, um ADC de 6 canais de 10 bits (8 canais em embalagens TQFP e QFN/MLF), um temporizador watchdog programável com um oscilador interno e 5 modos de poupança de energia seleccionáveis por software. Os cinco modos de poupança de energia, seleccionáveis por software, são o modo Inativo, o modo de desativação, o modo de poupança de energia, o modo de redução de ruído do ADC que pára a CPU e todos os módulos de E/S, exceto o temporizador assíncrono e o ADC, e o modo de espera. Por conseguinte, a CPU é capaz de aceder às memórias, efetuar cálculos, controlar os periféricos e gerir as interrupções. O AVR utiliza a arquitetura Harvard - com memórias e barramentos separados para o programa e os dados, de modo a maximizar o desempenho e o paralelismo. O princípio de execução das instruções na memória de programa é o pipelining de nível único. O conceito de pré-busca da instrução seguinte durante a execução de uma instrução permite que as instruções sejam executadas em cada ciclo de relógio e a memória de programa está na memória Flash Reprogramável do Sistema.

O AVR ATmega328P é suportado por um conjunto completo de ferramentas de desenvolvimento de programas e sistemas, incluindo: Compiladores C, montadores de macros, depuradores/simuladores de programas, emuladores em circuito e kits de avaliação [3]

1.2. Objetivo

O estilo de vida na sociedade moderna, juntamente com o comportamento e o pensamento humanos, está a mudar drasticamente com o avanço da tecnologia, e o conceito de uma simples localização (sem sensores) está a transformar-se numa localização inteligente. O avanço da tecnologia aumentou a segurança e a proteção das pessoas e dos seus bens. Uma das razões para o aumento da rede de sensores é o risco crescente de assaltos e roubos, incêndios e danos em alguns equipamentos electrónicos devido ao aumento da temperatura, para além do estilo de vida agitado. O estilo de vida agitado das pessoas está a levar à necessidade de controlar os dispositivos nos sensores à distância e a aumentar a necessidade de manter a vigilância sobre as suas localizações. Este projeto pode ser aplicado em vários locais, por exemplo, na proteção de equipamentos de comunicação em abrigos BSC (Base Subsystem Controller) ou MSC (Main Station Controller), estações de comunicação, estações e subestações de eletricidade, proteção de casas, etc.

Atualmente, os telemóveis não são utilizados apenas para fazer chamadas. A utilização dos telemóveis está a mudar com o desenvolvimento da tecnologia e podem ser utilizados para diferentes fins. Podem ser utilizados como relógios, calendários ou controladores em vez de serem utilizados apenas como telefones. Hoje em dia, os telefones inteligentes estão disponíveis no mercado com diferentes aplicações e hardware que podem ser implementados sem qualquer desenvolvimento ou melhoramento adicional. Com a ajuda da rede GSM, um telemóvel pode ser utilizado para implementar uma localização inteligente, controlando dispositivos e recebendo alertas sobre roubos e assaltos.

Existem diferentes tipos de sistemas de redes de sensores construídos no mercado, que não têm flexibilidade para escolher os tipos e o número de sensores utilizados e o custo do sistema. Estes sistemas são dispositivos pré-construídos com um número limitado de sensores, com uma área de cobertura limitada e com uma capacidade limitada para controlar os dispositivos electrónicos. Assim, foi proposta a ideia de um sistema de rede de sensores, para ultrapassar as limitações e dificuldades dos sistemas já disponíveis no mercado. O utilizador pode escolher o número de sensores, os tipos de sensores, a área de cobertura dos sistemas, bem como o número e os tipos de dispositivos electrónicos a controlar. O custo do sistema pode ser determinado pelo utilizador, uma vez que o custo depende do hardware utilizado no sistema escolhido pelo programador. [4]

1.3. Objectivos técnicos

Os objectivos do projeto consistem em implementar um sistema de rede de sensores, controlando remotamente os dispositivos electrónicos em qualquer local com a ajuda de um dispositivo móvel e recebendo alertas em caso de intrusão, incêndio ou movimento nas instalações restritas. O módulo SIM900-GPRS (GSM Shield) e a placa Arduino Uno são utilizados para comunicar entre o telemóvel e os dispositivos e sensores instalados no local em questão. O telemóvel pode ser utilizado como controlador a partir de qualquer parte do mundo se a rede GSM estiver disponível. O projeto consiste numa luz led que. Além disso, são utilizados sete sensores, nomeadamente um detetor de temperatura, um detetor de movimento e um detetor de intrusão (sensor de porta), um sensor de distância, um sensor de luz e um sensor de vibração, bem como um sensor de som, que accionam o alarme quando se atinge o limite crítico. O sistema está limitado à área com a rede GSM disponível e todo o sistema não funciona sem a rede, [4]

1.4. Objectivos

Em última análise, o objetivo do projeto é diminuir o custo de produção de uma rede de sensores completa, utilizando a unidade Arduino, juntamente com o aumento da sua energia e, assim, aumentar as suas áreas de aplicação. O equipamento para este projeto é muito pequeno, pelo que pode ser colocado em qualquer lugar e não precisa de um grande espaço como no controlador de alarme ambiental (EAC), que é utilizado no campo da comunicação para proteger estes equipamentos de alta temperatura ou roubo, roubo, incêndio e movimento anormal ou falta de iluminação

A nova implementação, por outro lado, permitirá substituir o modem por uma variante económica e menos exigente em termos de energia. Isto conduzirá a uma menor

custos de produção e menor consumo de energia, o que abre um mercado totalmente novo. Um produto tão leve, utilizado em equipamentos pequenos ou portáteis, como

Microcontrolador Arduino ou sensores ou relé ou qualquer outra coisa que seja viável para alarmes

1.5. Fundamentação teórica e visão geral do hardware do sistema

O sistema é composto por duas unidades: a estação móvel e a unidade de microcontrolador com o módulo SIM900-GPRS (proteção GPS), sensores e o sistema de iluminação. A placa Arduino Uno é utilizada como placa microcontroladora. O telemóvel é utilizado como controlador para receber as respostas e os alertas da unidade de microcontrolador, enquanto a placa Arduino é a unidade responsável pelo controlo das diferentes partes e funciona como o cérebro do sistema. O módulo SIM900 GSM/GPRS é responsável pela comunicação entre a unidade de microcontrolador e a estação móvel. É importante ter alguma ideia sobre a física e o princípio de funcionamento dos sensores e outros dispositivos de hardware antes de os utilizar. [4]

Capítulo 2

2.1. Arduino

É uma pequena placa de microcontroladores com uma ficha USB para ligação ao computador e várias tomadas de ligação que podem ser ligadas a componentes electrónicos externos, como motores, relés, sensores de luz, díodos laser, altifalante de carga, microfone, etc. Podem ser alimentados através da ligação USB do computador ou de uma bateria de 9v. Podem ser controlados a partir do computador ou programados pelo computador e depois desligados e deixados a funcionar independentemente. [5]

O Arduino é uma ferramenta para criar computadores que podem sentir e controlar mais do mundo físico do que o seu computador de secretária. É uma plataforma de computação física de código aberto baseada numa placa microcontroladora simples e num ambiente de desenvolvimento para escrever software para a placa

O Arduino pode ser utilizado para desenvolver objectos interactivos, recebendo entradas de uma variedade de interruptores ou sensores e controlando uma variedade de luzes, motores e outras saídas físicas. Os projectos Arduino podem ser autónomos ou podem comunicar com software executado no computador (por exemplo, Flash, Processing, MaxMSP). As placas podem ser montadas à mão ou compradas pré-montadas.

A linguagem de programação Arduino é uma implementação da cablagem, uma plataforma de computação física semelhante, que se baseia no ambiente de programação multimédia de processamento

O microcontrolador Arduino é um computador de placa única fácil de utilizar, mas potente, que ganhou uma força considerável no mercado de passatempos e no mercado profissional. O Arduino é de código aberto, o que significa que o hardware tem um preço razoável e o software de desenvolvimento é gratuito. Este guia destina-se a estudantes de qualquer parte do mundo que estejam a confrontar-se com o Arduino pela primeira vez.

Para utilizadores avançados do Arduino, navegue na Internet; existem muitos recursos.

O projeto Arduino foi iniciado em Itália para desenvolver hardware de baixo custo para o design de interação [6]

O Arduino é uma plataforma de prototipagem de código aberto baseada em hardware e software fáceis de utilizar. [7]

2.2. Porquê utilizar o Arduino

Existem muitos outros microcontroladores, como os controladores PIC, que permitem especificar determinadas funções no âmbito da sua própria programação e plataformas de microcontroladores disponíveis para computação física. Todas estas ferramentas pegam nos pormenores confusos da programação de microcontroladores e envolvem-nos num pacote fácil de utilizar. O Arduino também simplifica o processo de trabalho com microcontroladores, mas oferece algumas vantagens em relação a outros sistemas para professores, estudantes e amadores interessados

. Barato - As placas Arduino são relativamente baratas em comparação com outras plataformas de microcontroladores. A versão mais barata do módulo Arduino pode ser montada à mão, e mesmo os módulos Arduino pré-montados custam menos de 50 dólares[7]

- Plataforma cruzada - O software Arduino (IDE) funciona nos sistemas operativos Windows, Macintosh OSX e Linux. A maioria dos sistemas de microcontroladores está limitada ao Windows.
- Ambiente de programação simples e claro - O software Arduino (IDE) é fácil de utilizar para principiantes, mas suficientemente flexível para que os utilizadores avançados também possam tirar partido dele. Para os professores, é convenientemente baseado no ambiente de programação Processing, pelo que os alunos que aprendem a programar nesse ambiente estarão familiarizados com o funcionamento do IDE Arduino.

- Software de fonte aberta e extensível - O software Arduino é publicado como ferramentas de fonte aberta, disponível para extensão por programadores experientes. A linguagem pode ser expandida através de bibliotecas C++, e as pessoas que pretendam compreender os pormenores técnicos podem passar do Arduino para a linguagem de programação AVR C, na qual se baseia. Da mesma forma, pode adicionar código AVR-C diretamente aos seus programas Arduino, se assim o desejar.
- Código aberto e hardware extensível - Os planos das placas Arduino são publicados ao abrigo de uma licença Creative Commons, pelo que os projectistas de circuitos experientes podem criar a sua própria versão do módulo, alargando-o e melhorando-o. Mesmo os utilizadores relativamente inexperientes podem construir a versão breadboard do módulo para compreender o seu funcionamento e poupar dinheiro. [7]

2.3. Placa Arduino Uno

2.3.1. Visão geral

Figura (2-1) Arduino Uno [8]

A Arduino Uno é uma das placas de microcontroladores fabricadas pela Arduino e é uma placa de microcontroladores baseada no microcontrolador ATmega328 da Atmel. "Uno" significa "um" em italiano e a placa Uno é a mais recente de uma série de placas Arduino USB (Universal Serial Bus), que constitui o modelo de referência da plataforma Arduino. A placa Arduino Uno tem um ressonador cerâmico de 16 MHz, uma ligação USB, uma tomada de alimentação, um conetor ICSP, um botão de reset, 6 entradas analógicas e 14 pinos de entrada/saída digitais (dos quais 6 podem ser utilizados como saídas PWM). Utiliza o Atmega16U2 programado como conversor USB-para-série em vez do chip de controlo FTDI USB-para-série que foi utilizado em todas as placas anteriores. A placa tem 32 KB de memória flash, dos quais 0,5 KB são usados pelo carregador de arranque, 2 KB de SRAM, 1 KB de EEPROM e uma velocidade de relógio de 16 MHz. [8]

2.3.2. Especificações técnicas

Tabela (1-1) Especificações do Arduino [8]

Microcontroller	ATmega328P
Operating Voltage	5V
Input Voltage (recommended)	7-12V
Input Voltage (limit)	6-20V
Digital I/O Pins	14 (of which 6 provide PWM output)
PWM Digital I/O Pins	6
Analog Input Pins	6
DC Current per I/O Pin	20 Ma
DC Current for 3.3V Pin	50 Ma
Flash Memory	32 KB (ATmega328P) of which 0.5 KB used by bootloader
SRAM	2 KB (ATmega328P)
EEPROM	1 KB (ATmega328P)
Clock Speed	16 MHz
Length	68.6 mm
Width	53.4 mm
Weight	25 g

a figura no (2-2) mostra a parte de trás do Arduino Uno

Figura (2-2) a parte de trás do Arduino Uno [8]

2.4. Potência

O Arduino Uno pode ser alimentado através da ligação USB ou de uma fonte de alimentação externa. A fonte de alimentação é selecionada automaticamente. As figuras (2-3), (2-4) mostram todos os pinos e as ligações

A alimentação externa (não-USB) pode vir de um adaptador AC-to-DC (wall-wart) ou de uma bateria. O adaptador pode ser ligado ligando uma ficha de 2,1 mm de centro-positivo à tomada de alimentação da placa. Os fios de uma bateria podem ser inseridos nas cabeças de pino Gnd e Vin do conetor POWER.

A placa pode funcionar com uma alimentação externa de 6 a 20 volts. No entanto, se a alimentação for inferior a 7V, o pino de 5V pode fornecer menos de cinco volts e a placa pode ficar instável. Se utilizar mais de 12V, o regulador de tensão pode sobreaquecer e danificar a placa. O intervalo recomendado é de 7 a 12 volts.

Os pinos de alimentação são os seguintes:

- **VIN.** A tensão de entrada para a placa Arduino quando esta está a utilizar uma fonte de alimentação externa (em oposição aos 5 volts da ligação USB ou de outra fonte de alimentação regulada). Pode fornecer tensão através deste pino ou, se fornecer tensão através da tomada de alimentação, aceder-lhe através deste pino.
- **5V.**Este pino produz uma saída regulada de 5V do regulador na placa. A placa pode ser alimentada pela tomada de alimentação DC (7 - 12V), pelo conetor USB (5V) ou pelo pino VIN da placa (7-12V). O fornecimento de tensão através dos pinos de 5V ou 3,3 V contorna o regulador e pode danificar a sua placa. Não o aconselhamos.
- **3V3.** Uma alimentação de 3,3 volts gerada pelo regulador integrado. O consumo máximo de corrente é de 50 mA.

- **GND.** Pinos de terra.
- **IOREF.** Este pino na placa Arduino fornece a referência de tensão com a qual o microcontrolador opera. Um shield corretamente configurado pode ler a tensão do pino IOREF e selecionar a fonte de alimentação adequada ou ativar os tradutores de tensão nas saídas para trabalhar com a tensão de 5V ou 3,3 V
- Memória
- O ATmega328 tem 32 KB (com 0,5 KB usados para o bootloader). Tem também 2 KB de SRAM e 1 KB de EEPROM (que pode ser lida e escrita com a biblioteca EEPROM)[8].

2.5. Entrada e saída

Cada um dos 14 pinos digitais no Uno pode ser usado como uma entrada ou saída, usando as funções pinMode (), digitalWrite () e digitalRead (). Eles operam a 5 volts. Cada pino pode fornecer ou receber um máximo de 40 mA e tem uma resistência pull-up interna (desligada por defeito) de 20-50 ohms. Além disso, as figuras (3-3) e (3-4) mostram que alguns pinos têm funções especializadas:

- **Série: 0 (RX) e 1 (TX)**. Utilizados para receber (RX) e transmitir (TX) dados de série TTL. Estes pinos estão ligados aos pinos correspondentes do chip ATmega8U2 USB-to-TTL Serial.
- **Interrupções externas**: 2 e 3. Estes pinos podem ser configurados para desencadear uma interrupção num valor baixo, num bordo ascendente ou descendente, ou numa alteração de valor. Ver a função attach Interrupt () para mais pormenores.
- **PWM: 3, 5, 6, 9, 10 e 11**. Fornece saída PWM de 8 bits com a função analógica Write ().
- **SPI: 10 (SS), 11 (MOSI), 12 (MISO), 13 (SCK)**. Estes pinos suportam a comunicação SPI utilizando o Biblioteca SPI.
- **LED: 13**. Existe um LED incorporado ligado ao pino digital 13. Quando o pino tem um valor ALTO, o LED

está ligado, quando o pino está em LOW, está desligado. O Uno tem 6 entradas analógicas, rotuladas de A0 a A5, cada uma das quais fornece 10 bits de resolução (ou seja, 1024 valores diferentes). Por defeito, medem desde a terra até 5 volts, embora seja possível alterar o limite superior da sua gama usando o pino AREF e a função analógica Reference (). Adicionalmente, alguns pinos têm [8]

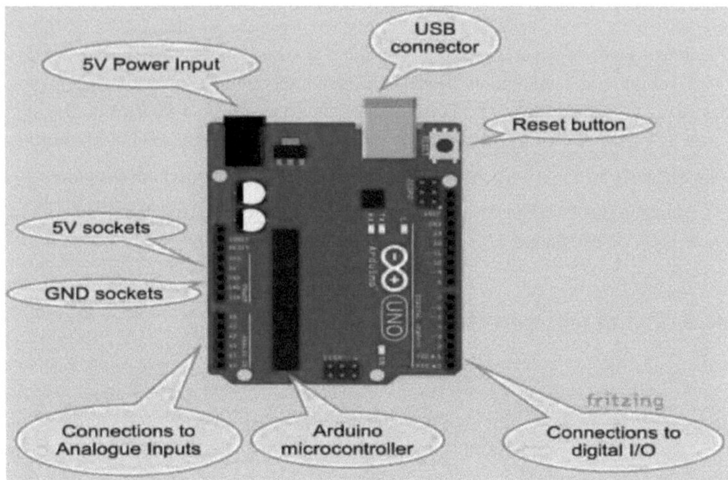

Figura (2-3) os pinos da placa Arduino Uno [8]

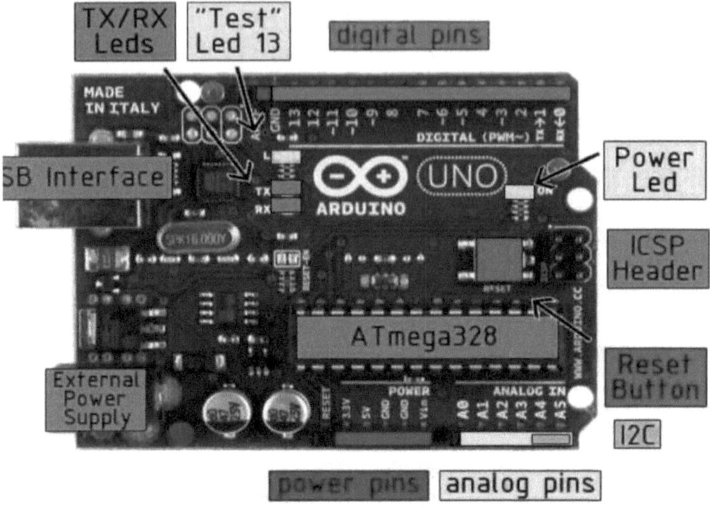

Figura (2-4) a ligação do Arduino [8]

2.6. Comunicação

O Arduino Uno tem uma série de facilidades para comunicar com um computador, outro Arduino ou outros microcontroladores. O ATmega328 fornece comunicação serial UART TTL (5V), que está disponível nos pinos digitais 0 (RX) e 1 (TX). Um ATmega16U2 na placa canaliza esta comunicação série através de USB e aparece como uma porta COM virtual para o software no computador. O firmware do '16U2 usa os drivers USB COM padrão, e nenhum driver externo é necessário. No entanto, no Windows, é necessário um ficheiro .in. O software Arduino inclui um monitor de série que permite o envio de dados textuais simples de e para a placa Arduino. Os LEDs RX e TX na placa piscam quando os dados estão a ser transmitidos através do chip USB-para-série e da ligação USB ao computador (mas não para a comunicação em série nos pinos 0 e 1).

Uma biblioteca de Software Serial permite a comunicação serial em qualquer um dos pinos digitais do Uno. O ATmega328 também suporta comunicação I2C (TWI) e SPI. O software Arduino inclui uma biblioteca Wire para simplificar o uso do barramento I2C; para comunicação SPI, use a biblioteca SPI. [8]

2.7. Proteção contra sobrecorrente USB

O Arduino Uno tem um polifusível reiniciável que protege as portas USB do seu computador contra curto-circuitos e sobrecorrentes. Embora a maioria dos computadores forneça a sua própria proteção interna, o fusível fornece uma camada extra de proteção. Se mais de 500 mA forem aplicados à porta USB, o fusível interromperá automaticamente a ligação até que o curto-circuito ou a sobrecarga sejam eliminados. [8]

2.8. Hardware de fonte aberta

A plataforma Arduino é, por si só, muito útil para projectos de microcontroladores, mas só isso não é suficiente para impulsionar a popularidade e a adoção generalizada da plataforma. Em vez de fechar a conceção da placa de interface e do ambiente de desenvolvimento, todo o projeto Arduino está profundamente enraizado na prática emergente do hardware de fonte aberta, que procura a colaboração em que os objectos físicos são o resultado. Em vez de sistemas fechados, os projectos de código aberto permitem que um indivíduo tenha liberdade para aceder aos ficheiros de origem de um projeto, fazer melhorias e redistribuir essas melhorias a uma comunidade maior. O ecossistema Arduino incorpora fundamentalmente esta aspiração de abertura no design, arquitetura, colaboração e filosofia. Pode ver isso por si próprio, uma vez que todos os ficheiros de conceção, esquemas e software estão disponíveis gratuitamente para descarregar, utilizar, modificar e refazer [9]

2.9. O ambiente de desenvolvimento integrado (IDE)

Utilizamos o Arduino IDE no seu computador (imagem seguinte) para criar, abrir e alterar esboços (o Arduino chama aos programas "esboços". Neste livro, utilizaremos as duas palavras indistintamente). Os esboços definem o que a placa irá fazer.

Pode utilizar os botões na parte superior do IDE ou os itens de menu. [10]

O IDE (Integrated Development Environment - Ambiente de Desenvolvimento Integrado) é um programa especial que corre no seu computador e que lhe permite escrever esboços para a placa Arduino numa linguagem simples, como mostra a figura (2-5).

A magia acontece quando se prime o botão que carrega o sketch para a placa: o código que se escreveu é traduzido para a linguagem C (que é geralmente bastante difícil de utilizar por um principiante), e é passado para o compilador avrgcc, uma peça importante de software de código aberto que faz a tradução final para a linguagem compreendida pelo microcontrolador. Este último passo é muito importante, porque é onde o Arduino simplifica a sua vida ao esconder o máximo possível das complexidades da programação de microcontroladores. O ciclo de programação no Arduino é basicamente o seguinte:

" Ligue a sua placa a uma porta USB do seu computador.

" Escreva um esboço que dê vida ao quadro.

" Carregue este esboço para a placa através da ligação USB e aguarde

alguns segundos para que a placa seja reiniciada.

" A placa executa o sketch que escreveu. [10]

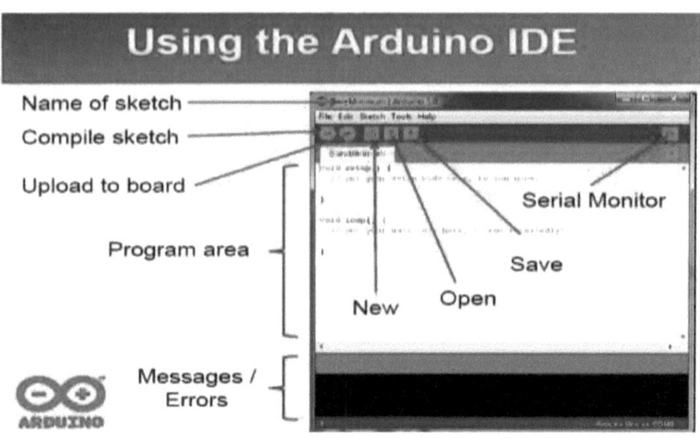

Fig (2-5) o IDE Arduino [10]

Vamos utilizar este IDE (Integrated Development Environment) para tornar o Software VISÍVEL! Com ele, desenvolverá o seu próprio software para transformar o Arduino naquilo que pretende que ele seja. (Learn Arduino/By Terry King)

Fornecer o ambiente de desenvolvimento integrado da seguinte forma

1-Primeiro, você deve definir o tipo correto de placa que iremos trabalhar e como mostrado na fig (2-6) No menu superior do Arduino IDE clique em <Tools> e depois em <Board>. Você verá um menu drop-down que tem o seguinte aspeto (à esquerda) e, em seguida, clique em Arduino Uno. (O mesmo para PC e MAC)

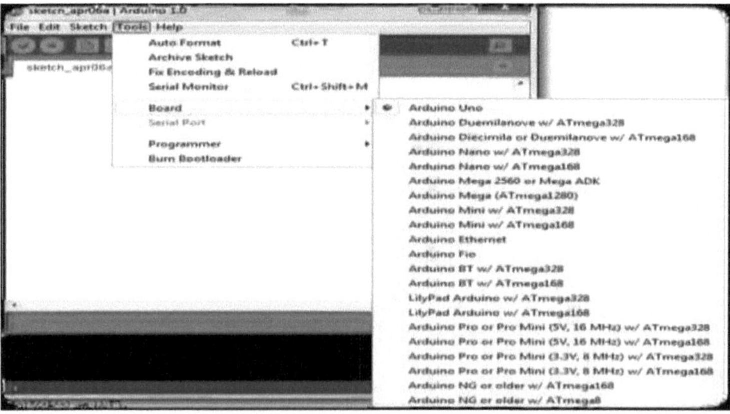

Figura (2-7) definir o tipo de placa correto [11]

2- abra o gestor de dispositivos no seu computador para reiniciar a porta série e defina a porta série como se mostra nas figuras abaixo (2-8) e (2-9)

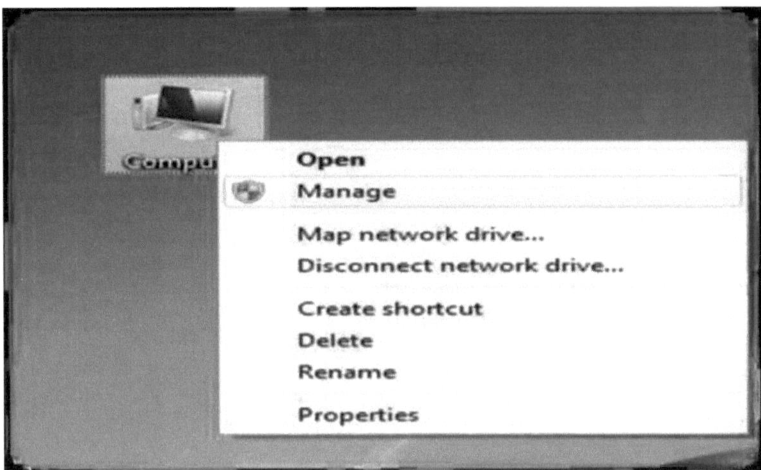

Figura (2-8) o primeiro passo para a definição da porta série [11]

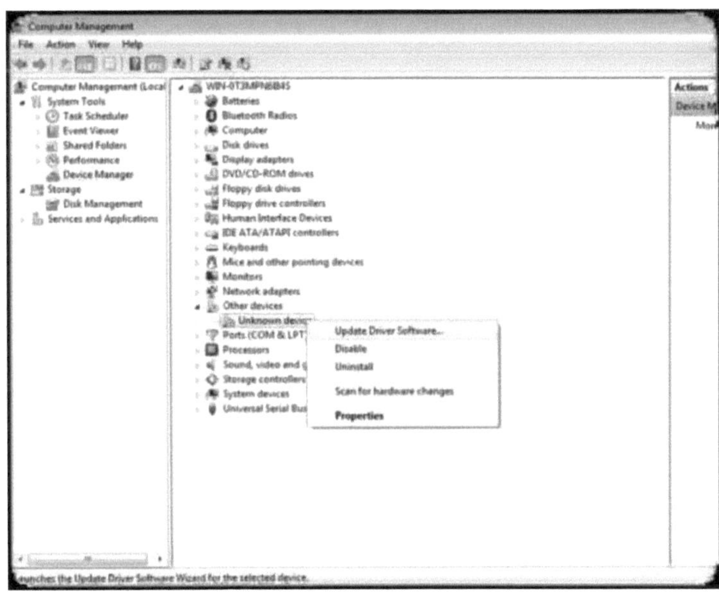

Figura (2-9) o segundo passo para a definição da porta série [11]

3-Selecionar (Brows my computer for drive software) para encontrar a pasta existente nessa pasta do programa Arduino como mostra a fig. nº (2-10)

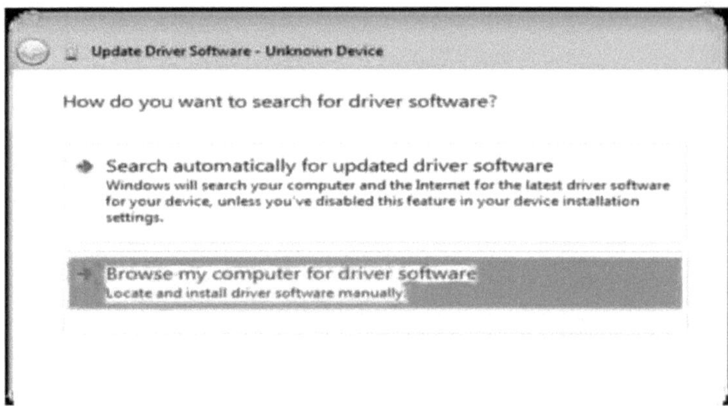

Figura (2-10) o local de instalação [11]

Depois aparecerá uma mensagem a perguntar (Se pretende instalar estas definições, ou não?) e depois carregue em OK como mostra a figura (2-11) e aguarde alguns minutos até terminar as operações de definição e depois aparece a imagem abaixo na figura (2-12)

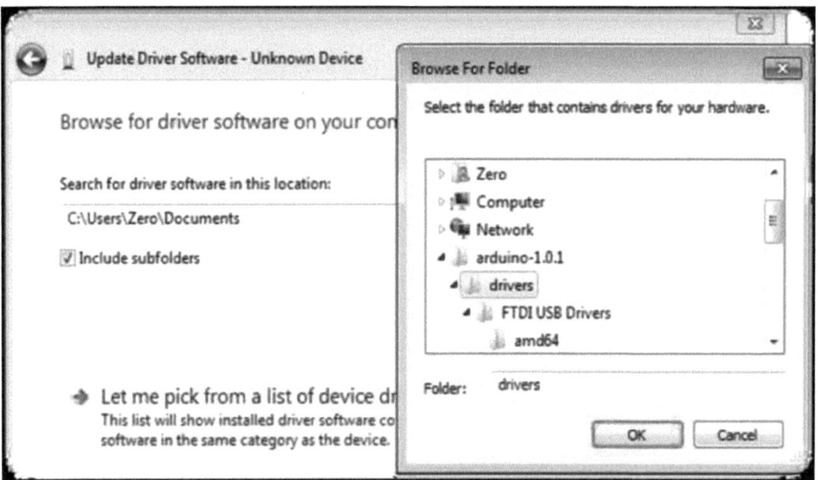

Figura (2-11) software para controladores [11]

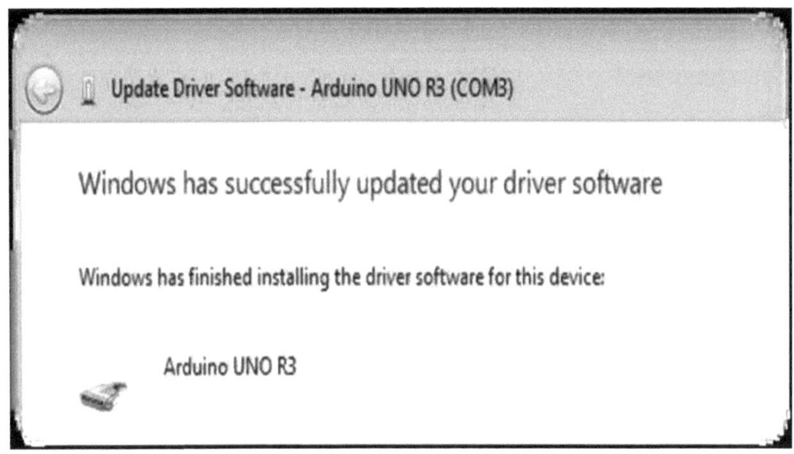

Figura (2-12) a página do Windows para terminar a instalação [11]

3- para selecionar a porta série correcta: Agora clique em <Tools> e depois em <Serial Port>. No PC, normalmente haverá apenas

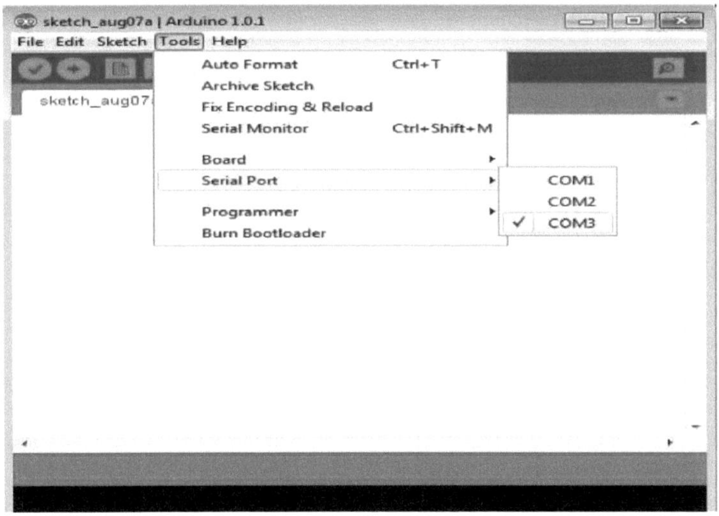

Figura (2-13) selecionar porta série [11]

Capítulo 3

3.1. Rede GPRS/GSM

Literalmente, o GSM significa Global System for Mobile Communication. No GSM, a assinatura e o equipamento móvel estão separados, ao contrário do que acontece nas redes analógicas, em que os dois não estão separados. O cartão inteligente que manipula e armazena os dados de um assinante é o cartão SIM (Subscriber Identity Module), enquanto o equipamento de rádio é designado por equipamento móvel. Assim, a combinação do Módulo de Identidade do Assinante e do equipamento móvel é a estação móvel. O SMS (Short Messaging Service) é um dos serviços integrados no GSM, que permite o envio de mensagens de dimensão limitada de e para as estações móveis. O tratamento do SMS é efectuado pelo SMSC (Short Message Service Center), que tem de ser suportado pela rede GSM para a transferência de mensagens entre o SMSC e as estações móveis. [12,212-216]

O GPRS (General Packet Radio Service) é um serviço de transmissão comutado por pacotes que complementa o serviço de dados comutados por circuitos e o serviço de mensagens curtas através da rede telefónica móvel [12,229].

A arquitetura da rede comutada por circuitos é actualizada para uma rede comutada por pacotes através da adição de um par de novos nós de infraestrutura e de uma atualização do software dos elementos de rede existentes. O GPRS é um serviço de dados móveis menos dispendioso do que o SMS e os dados comutados por circuito e a informação é transmitida de forma mais rápida, imediata e eficiente através da rede móvel. O GPRS suporta várias novas aplicações que não eram anteriormente suportadas pelas redes GSM devido às limitações de velocidade dos dados comutados em circuito (9,6 kbps) e ao comprimento dos SMS (160 caracteres). A informação a transmitir é dividida em pacotes separados, mas relacionados, e é reagrupada na extremidade recetora do GPRS. [13]

3.2. ESCUDO GSM

O Arduino GSM Shield, tal como ilustrado nas figuras (4-1) e (4-2), liga o seu Arduino à Internet utilizando a rede sem fios GPRS. Basta ligar este módulo à placa Arduino, inserir um cartão SIM de um operador que ofereça cobertura GPRS e seguir algumas instruções simples para começar a controlar o seu mundo através da Internet. Também é possível fazer/receber chamadas de voz (é necessário um circuito externo de altifalante e microfone) e enviar/receber mensagens SMS.

Como sempre acontece com o Arduino, todos os elementos da plataforma - hardware, software e documentação - estão disponíveis gratuitamente e são de código aberto.

Isto significa que pode aprender exatamente como é feito e utilizar o seu design como ponto de partida para os seus próprios circuitos.

Centenas de milhares de placas Arduino estão já a alimentar a criatividade das pessoas em todo o mundo, todos os dias [14]

Figura (4-1): a proteção GSM frontal [14]

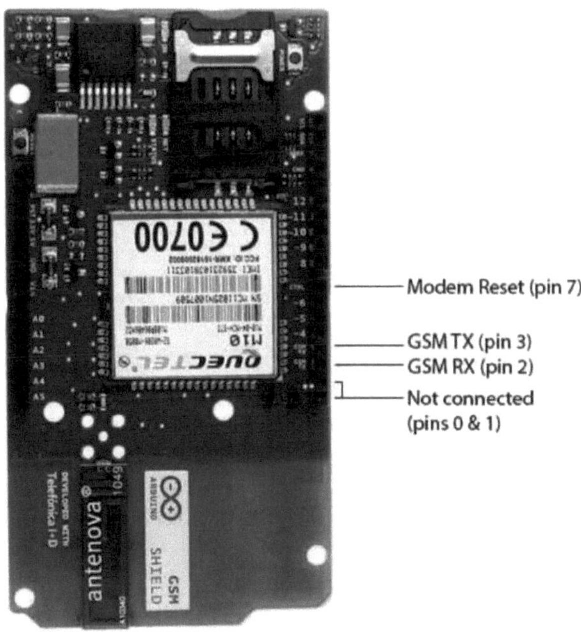

Figura (4-2) A parte de trás da proteção GSM [14]

3.3. Descrição

O Arduino GSM Shield permite a uma placa Arduino ligar-se à Internet, efetuar/receber chamadas de voz e enviar/receber mensagens SMS. O Shield utiliza um modem de rádio M10 da Quectel Fig (4-2). É possível comunicar com a placa utilizando comandos AT. Utilize a biblioteca GSM para aprender mais sobre como fazer sketches utilizando uma ou mais das funções descritas.

As placas Arduino utilizam os pinos digitais 2 e 3 para a comunicação em série do software com o M10. O pino 2 está ligado à porta

O M10 é um modem GSM/GPRS de banda quádrupla que funciona nas frequências GSM850MHz, GSM900MHz, DCS1800MHz e PCS1900MHz. Suporta os protocolos TCP/UDP e HTTP através de uma ligação GPRS. A velocidade máxima de transferência de dados por downlink e uplink do GPRS é de 85,6 kbps.

O shield utiliza os pinos digitais 2 e 3 para a comunicação serial do software com o M10. O pino 2 está ligado ao pino TX do M10 e o pino 3 ao seu pino RX. O pino PWRKEY do modem está ligado ao pino 7 do Arduino.

O M10 é um modem GSM/GPRS Quad-band que funciona nas frequências GSM850MHz, GSM900MHz, DCS1800MHz

E PCS1900MHz. Suporta os protocolos TCP/UDP e HTTP através de uma ligação GPRS. A velocidade máxima de transferência de dados de downlink e uplink do GPRS é de 85,6 kbps.

Para além do shield GSM e de um Arduino, é necessário um cartão SIM. O SIM representa um contrato com um fornecedor de comunicações. O fornecedor de comunicações que lhe vende o SIM tem de fornecer cobertura GSM no local onde se encontra ou ter um acordo de roaming com uma empresa que forneça cobertura GSM na sua localização

Para estabelecer a interface com a rede celular, a placa necessita de um cartão SIM fornecido por um operador de rede. Ver o guia de

para obter informações adicionais sobre a utilização do SIM.

A revisão mais recente da placa utiliza a pinagem 1.0 da rev. 3 da placa Arduino UNO [14]

3.4. Notas sobre o SIM Telefonica/Movilforum incluído no escudo.

Importante saber que Telefonica/Movilforum O shield GSM é fornecido com um SIM da Telefonica/Movilforum que funcionará bem para o desenvolvimento de aplicações máquina a máquina (M2M). Não é necessário utilizar este cartão específico com o shield. Pode utilizar qualquer SIM que funcione numa rede na sua área. O cartão SIM Movilforum inclui um plano de roaming. Pode ser utilizado em qualquer rede GSM suportada. Há cobertura em todas as Américas e Europa para este SIM, verifique a página de disponibilidade de serviços do Movilforum para países específicos que têm redes suportadas.

A ativação do SIM é assegurada pela Movilforum. Instruções detalhadas sobre como registar e ativar o seu SIM online e adicionar crédito estão incluídas num pequeno panfleto que vem com o seu shield. Para a ativação, o SIM tem de ser inserido num shield GSM alimentado que esteja montado num Arduino.

Estes cartões SIM são fornecidos sem PIN, mas é possível definir um PIN utilizando a classe GSMPIN da biblioteca GSM. Não é possível utilizar o SIM incluído para efetuar ou receber chamadas de voz. Só é possível efetuar e receber SMS com outros SIMs da rede Movilforum.

Não é possível criar um servidor que aceite pedidos provenientes da Internet pública. No entanto, o SIM Movilforum aceitará pedidos de entrada de outros cartões SIM na rede Movilforum.

Para utilizar a voz e outras funções do escudo, terá de encontrar um fornecedor de rede e um cartão SIM diferentes. Os operadores têm políticas diferentes para os seus cartões SIM, pelo que é necessário informar-se diretamente junto deles para determinar que tipos de ligações são suportados. Na figura (4-3) mostra-se como ligar o módulo GPS ao Arduino[14]

Figura (4-3) o shield GSM ligado ao Arduino [14]

3.5. Indicadores de bordo

O shield contém vários LEDs de estado:

Ligado: mostra que o escudo recebe energia.

Estado: liga-se quando o modem está ligado e os dados estão a ser transferidos de/para a rede GSM/GPRS.

Net: pisca quando o modem está a comunicar com a rede de rádio [14]

3.6. Requisitos de energia

Recomenda-se que a placa seja alimentada com uma fonte de alimentação externa que possa fornecer entre 700mA e 1000mA. Não se recomenda a alimentação de um Arduino e da proteção GSM a partir de uma ligação USB, uma vez que a USB não pode fornecer a corrente necessária para quando o modem está a ser muito utilizado. O modem pode puxar até 2A de corrente no pico de utilização, o que pode ocorrer durante a transmissão de dados. Esta corrente é fornecida através do grande condensador cor de laranja na superfície da placa [14]

3.7. Módulo SIM900 GSM/GPRS

O SIM900 é um módulo GSM/GPRS de banda quádrupla do tipo SMT (Surface Mount Technology) ultra-compacto e fiável, concebido com um poderoso processador de chip único que integra o núcleo AMR926EJ-S fabricado pela SIM Com Wireless Solutions Ltd. Oferece desempenho GSM/GPRS 850/900/1800/1900 MHz para voz, SMS e dados. É um módulo de baixo consumo de energia com consumo de corrente tão baixo quanto 1,0 mA no modo de suspensão. Está optimizado para voz e outras formas de transferência de dados, incluindo texto e imagens. O módulo tem dimensões (24 mm x 24 mm x 3 mm) e peso (3,4 g) e foi concebido para satisfazer todos os requisitos das aplicações M2M. Tem uma classe GPRS multi-slot 10/8 e uma classe de estação móvel GPRS de tipo B. É compatível com GSM fase 2/2+, Classe 4 (2W@850/900 MHz) e Classe 1 (1W@1800/1900 MHz). Os comandos AT são utilizados para fazer a interface e controlar o módulo GSM/GPRS e a tensão de alimentação é de cerca de (3,2-4,8) v e funciona a uma temperatura de (-40---+85) c. [15] .

AT é a abreviatura de attention (atenção) e os comandos AT são instruções utilizadas para controlar e estabelecer a interface do modem. Apesar do facto de todas as linhas de comando começarem com "AT", não faz parte do nome do comando, mas é apenas o prefixo que informa o modem do início de uma linha de comando. Por exemplo, D é o nome efetivo do comando em ATD (Marcar) e +CMGR é o nome efetivo do comando em AT+CMGR (Ler mensagens SMS). Basicamente, existem dois tipos de comandos AT: os comandos básicos e os comandos ex-tendidos. Os comandos AT que começam por "+" são comandos alargados e quase todos os comandos AT GSM são comandos alargados. Por exemplo, +CMGR (Ler mensagens SMS), +CMGL (Listar mensagens SMS) e +CMGS (Enviar mensagens SMS) são comandos alargados. Do mesmo modo, os comandos AT que não começam por "+" são comandos básicos. Por exemplo, H (Hook Control), A (Answer), D (Dial) e O (Return to online data state) são comandos básicos[16].

Os comandos AT têm uma sintaxe específica e as regras de sintaxe são descritas a seguir:

1. Os comandos devem começar por "AT" e terminar com um carriage return. 2. O primeiro nome de comando deve ser prefixado com "AT" numa linha de comando que contenha mais de um comando AT e os nomes dos comandos devem ser separados por ponto e vírgula. Por exemplo, o nome do fabricante e o número do modelo podem ser encontrados utilizando uma única linha de comando,

AT + CGMI ; +CGMM<CR>

3. A cadeia é colocada entre aspas duplas. Por exemplo, a cadeia "ALL" deve ser atribuída como no exemplo abaixo para ler todas as mensagens SMS de um armazenamento de mensagens no modo de texto SMS.

Exemplo: AT + CMGL = "TODOS" <CR>

4. As respostas de informação e os códigos de resultado (incluindo os códigos de resultado final e os códigos não solicitados) começam e terminam sempre com um carácter de retorno de carro e um carácter de alimentação de linha. [16]

Capítulo 4

Componentes eléctricos

4.1. SENSORES

O dispositivo que fornece uma saída utilizável (quantidade eléctrica) em resposta a uma medida (quantidade física, propriedade ou condição que é medida) é um sensor, de acordo com a Instrument Society of America. Existem diferentes definições e pontos de vista sobre os sensores, que foram adoptados por cientistas e engenheiros. Outra definição comum de sensor é "um elemento que detecta uma variação na energia de entrada para produzir uma variação noutra ou na mesma forma de energia" [17,2]

. Geralmente, os princípios de deteção são de natureza física ou química e podem ser agrupados de acordo com a forma de energia em que os sinais são recebidos e gerados. Existem seis tipos de sinais com base na energia gerada ou recebida: mecânicos, térmicos, eléctricos, magnéticos, radiantes e químicos. Os sensores podem ser classificados de acordo com os princípios de deteção, mas a classificação dos sensores é um domínio vasto e não podem ser classificados segundo um único critério. Existem diferentes classificações de sensores de acordo com diferentes critérios. Por exemplo, os sensores podem ser classificados de acordo com o material e a tecnologia, a aplicação, os princípios de transdução ou a propriedade. [17,1-3] .

O próprio sensor pode ser um dispositivo passivo ou ativo. Um sensor passivo é concebido para receber e medir o sinal, enquanto um sensor ativo é um dispositivo utilizado para medir os sinais transmitidos pelos sensores que foram reflectidos, refractados ou dispersos. A única diferença entre o sensor ativo e o passivo é a transmissão do sinal pelo dispositivo. Independentemente da natureza ativa ou passiva de um sensor, existem várias propriedades associadas a um sensor que são críticas para o seu desempenho. Algumas das propriedades mais importantes são apresentadas de seguida: [18,14-16]

1- tempo de resposta e tempo de recuperação

2- reprodutibilidade

3- envelhecimento

4- estabilidade (a curto e a longo prazo), sensibilidade e resolução

5- gama dinâmica

6- seletividade

7- tamanho, peso e custo. [18,16]

O tempo de resposta de um sensor é o tempo que o sensor demora a atingir 90% do seu valor de estado estacionário após a introdução do mensurando, enquanto o tempo de recuperação é o tempo que um sensor demora a atingir 10% do valor que tinha antes da exposição ao mensurando. O sensor com menor tempo de resposta e tempo de recuperação é considerado um bom sensor. A capacidade do sensor para produzir a mesma caraterística após a exposição repetida a um determinado mensurando é designada por reprodutibilidade. O sensor com excelente reprodutibilidade terá o mesmo tempo de recuperação, o mesmo tempo de resposta e a mesma resposta para um determinado mensurando. No entanto, existe alguma degradação da assinatura do sensor após uma utilização prolongada do mesmo, o que é natural. O tempo que um sensor leva para se degradar é normalmente conhecido como envelhecimento. A sensibilidade e a resolução são as propriedades críticas de um

sensor para a aplicação com o sistema de medição preciso ou para a aplicação que detecta o mensurando potencialmente perigoso. A menor alteração no mensurando que um sensor pode detetar é a resolução do sensor e a alteração na saída por unidade de alteração no mensurando é a sensibilidade do sensor. A importância das propriedades de um sensor depende da aplicação em que o sensor tem de ser utilizado. Por exemplo: Na deteção de gases altamente tóxicos, a sensibilidade é a propriedade mais importante; no sistema de controlo em linha, em que o mensurando é exposto repetidamente, a reprodutibilidade e o envelhecimento são as propriedades mais importantes; na aplicação relacionada com a implantação de biossensores nos animais, o peso e o tamanho são as propriedades mais importantes. Existem diferentes tipos de sensores, mas os sensores utilizados no projeto serão analisados nas secções 2.3.1, 2.3.2 e 2.3.3. [18,17-20]

4.2. Tipos de sensores

4.2.1.Sensor de temperatura

Os sensores térmicos têm duas conotações: i) sensores para medir propriedades térmicas, como a temperatura e o calor; e ii) sensores baseados em princípios de transferência térmica Entre as duas conotações, a medição da temperatura e do calor é amplamente praticada e pode ser efectuada utilizando muitos princípios diferentes. Existem diferentes tipos de sensores térmicos para medir a temperatura, mas podem ser divididos em quatro tipos diferentes, de acordo com os princípios em que se baseiam: micro bolómetros, termopares, resistências, termistores e dispositivos semicondutores. O princípio a empregar e o sensor a utilizar dependem geralmente da gama de temperaturas a detetar e da resolução necessária. [19,176].

Os dispositivos concebidos para medir a temperatura à distância, utilizando as radiações infravermelhas emitidas, são os microbolómetros. O princípio de funcionamento é o seguinte: a radiação infravermelha que incide sobre um material de película fina é absorvida, o que leva à alteração da resistência do material. Medindo a mudança na resistência, a temperatura pode ser determinada. Existem vários materiais adequados como camada absorvente, tais como metais, óxidos metálicos e semicondutores tradicionais, e estes dispositivos são especialmente adequados para aplicações de imagem térmica. Este dispositivo não é adequado para produzir a temperatura absoluta exacta, uma vez que a temperatura é medida indiretamente. [20,47]

Os dois materiais condutores com coeficiente de temperatura termoeléctrica diferente (também conhecido como coeficiente de See beck) formam um termopar. A diferença entre o coeficiente de temperatura termoeléctrica entre os dois materiais condutores leva à produção de uma diferença de potencial dependente da temperatura da junção quando os dois materiais estão em contacto íntimo numa junção. Os termopares são amplamente utilizados para a deteção de temperatura à escala macroscópica, em gamas de temperatura de muitas centenas de Kelvin. Para a medição localizada da temperatura e a melhoria do tempo de resposta, a junção dos materiais é feita tão pequena quanto possível, com o diâmetro da extremidade das pontas tão pequeno quanto ~100 nm. [20,47-48]

A resistividade da maioria dos metais aumenta (geralmente de forma não linear) com o aumento da temperatura. A resistividade de um material pode ser determinada medindo a resistência do material e, por conseguinte, a temperatura pode ser inferida. Existem muitos sensores de temperatura micro-resistivos que utilizam uma variedade de metais, incluindo o tungsténio, o níquel e o crómio, baseados neste princípio. [20,48]

Os sensores de temperatura fabricados a partir de semicondutores são termístores. A mistura de óxidos metálicos prensados numa pérola, bolacha ou outra forma é aquecida sob pressão a alta temperatura e depois encapsulada com vidro ou epóxi. O resultado é um sensor de temperatura com uma relação não linear muito distinta entre resistência e temperatura, com esferas muito pequenas, inferiores a 1 mm nalguns casos. Ao contrário de uma resistência, a resistência de um termístor diminui com o aumento da temperatura e é designada por termístor de coeficiente de temperatura negativo. Os termístores são muito sensíveis a pequenas alterações de temperatura e detectam temperaturas tão baixas como 0,1 graus centígrados ou mesmo inferiores, uma vez que a alteração da resistência é muito grande para uma pequena alteração de temperatura. A gama típica de utilização de um termistor é de -100 a 300 graus centígrados. [21]

Os dispositivos semicondutores, geralmente díodos, são excelentes sensores de temperatura. A correlação entre a temperatura da junção (Tj) e a tensão de avanço da junção (Vf) é quase linear de segunda ordem para valores baixos de corrente de avanço (normalmente designada por corrente de medição (Im)). Assim, há uma alteração na tensão de avanço com uma alteração na temperatura da junção com um fator de correlação constante dado pela equação abaixo:

$$\Delta Tj = K \times \Delta Vf$$

Onde o fator de correlação é referido como o fator K. O valor do fator K está geralmente na gama de 0,4 a 0,8 °C/mV. O valor da corrente de medição é diferente para diferentes díodos e é selecionado com base no tamanho do díodo e no valor da corrente que corresponde à quebra na curva de tensão de avanço do díodo. Um valor demasiado pequeno da corrente de medição causará problemas na repetibilidade da medição, enquanto um valor demasiado grande causará um auto-aquecimento significativo, dando origem a erros de medição de temperatura potencialmente grandes. [22]

4.2.1.1. Sensor de temperatura LM35

A série LM35 é constituída por sensores de temperatura de precisão de circuito integrado, com uma tensão de saída linearmente proporcional à escala centígrada. Este sensor está totalmente classificado de -55 °C a +150 °C e com o fator de escala linear de 10mV/°C. Funciona de 4 a 30 V, tem menos de 60 µA de corrente de drenagem e tem baixo auto-aquecimento (0,08 °C em ar parado). O circuito de controlo ou a interface do LM35 é realmente fácil devido à baixa impedância de saída, saída linear e calibração inerente precisa. A série LM35 está disponível em embalagens herméticas de transístor TO, enquanto as séries LM35C, LM35CA e LM35D estão disponíveis em embalagens de transístor TO-92. O LM35D também está disponível em um pacote de pequeno contorno de montagem em superfície de 8 fios e um pacote TO-220 de plástico. [23]

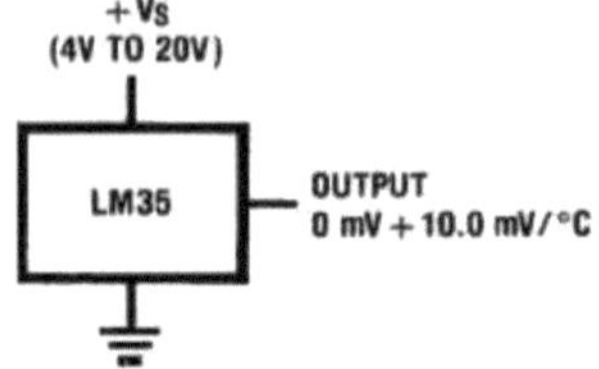

Basic Centigrade Temperature Sensor
(+2°C to +150°C)

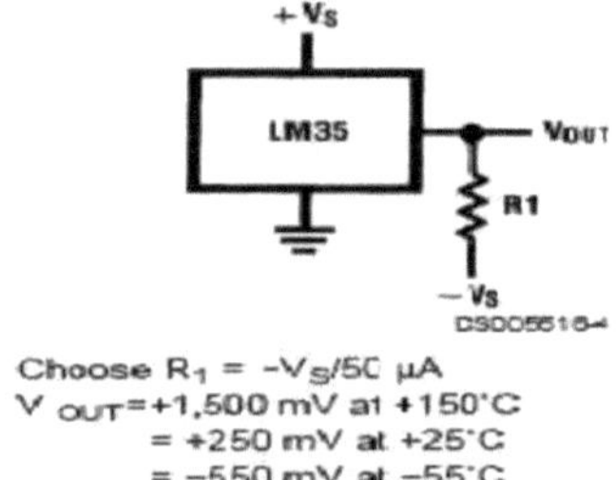

Full-Range Centigrade Temperature Sensor

Figura 4-1: O circuito do LM35 para o sensor de temperatura básico e de gama completa. Reproduzido da folha de dados do LM35 [23].

O LM35 pode ser utilizado como um sensor de temperatura centígrado básico para detetar a temperatura entre +2 °C e +150 °C, bem como um sensor de temperatura centígrado de gama completa para detetar a temperatura entre -55 °C e +150 °C e o circuito para o utilizar como básico ou de gama completa é apresentado na figura (4-1). +Vs é a tensão fornecida ao LM35 e R1 é a resistência ligada entre -Vs e Vout (tensão de saída). A temperatura pode ser obtida em graus centígrados medindo apenas a tensão de saída do sensor, uma vez que a tensão de saída é função da temperatura

4.2.1.1. Sensores de temperatura para Arduino

Dispomos de um grande número de sensores para medir a temperatura. Alguns deles são analógicos e outros digitais, cada um com os seus prós e contras. Na figura nº (4-2) mostramos como ligar o sensor de temperatura (LM35) ao Arduino Uno R3

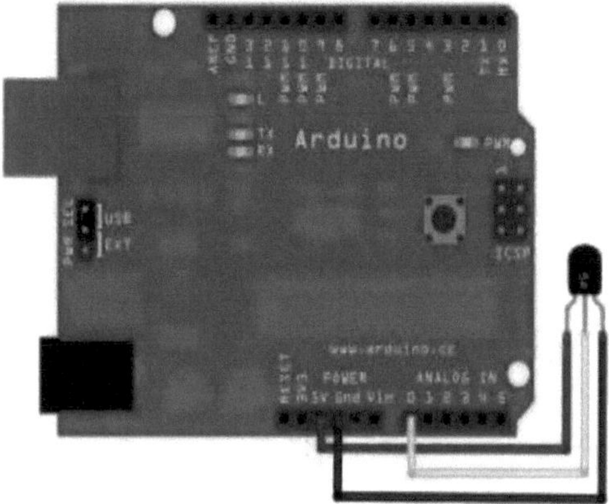

Figura (4-2) ligação do sensor ao Arduino [24]

Este é normalmente encontrado com sensor encapsulado TO-92, é analógico e também o mais económico de todos pode encontrá-lo por menos de 1 €. É também o mais fácil de usar, só precisa de fazer uma leitura do pino analógico e converter, por meio de conta, o valor lido em temperatura. Tem uma gama de medição de -55 a 150ºC, com uma precisão de 0,25ºC para a temperatura ambiente ou entre 55 e 150 0,75ºC. O sensor é muito sensível e permite-nos obter rapidamente, sendo um sensor analógico o cabo entre o sensor e o Arduino pode influenciar as leituras. [24]

The code

```
#define lm35 0

void setup()
{
  Serial.begin(9600);
};

void loop()
{
  float temp = (5.0 * analogRead(lm35)*100.0)/1023.0;

  Serial.println(temp);
  delay(500);
};
```

4.2.2. Módulo de sensor ultrassónico (sensor de distância)

O sensor ultrassónico é um módulo de medição de distâncias sem contacto. É perfeito para medir a distância entre dois corpos móveis ou não móveis.

Os sensores ultra-sónicos geram ondas sonoras de alta frequência e avaliam o eco que é recebido de volta pelo sensor. Os sensores calculam o intervalo de tempo entre o envio do sinal e a receção do eco para determinar a distância a um objeto.

O sensor serve essencialmente para medir a distância. No entanto, pode ser utilizado para medir a velocidade ou a direção de um objeto. Para tal, dois sensores são fixados a uma distância conhecida e a velocidade do objeto é calculada dividindo a distância relativa entre os dois sensores pela diferença de tempo de deteção do objeto. (4-3) mostra o sensor ultrassónico [25]

Figura (4-3) o sensor ultrassónico [25]

Este módulo é igualmente compatível com o tijolo eletrónico. Foi concebido para uma utilização fácil em projectos modulares com desempenho industrial. É também compatível com PIng))), mas muito mais barato e com um desempenho excecional. Finalmente, é compatível com Arduino

4.2.2.1. Características técnicas

- Alcance de deteção: 3cm-4m
- Melhor em ângulo de 30 graus
- Fonte de alimentação de 5VDC
- Compatível com placa de ensaio
- Biblioteca Arduino pronta
- Interface compatível com tijolos electrónicos
- Tensão de alimentação5 V
- Consumo de corrente15 mA
- Frequência ultra-sónica 40 KHZ
- Alcance máximo400 cm
- Alcance mínimo3 cm
- Resolução1 cm
- Alcance máximo400 cm
- Largura do impulso de accionamento10 µs

-Dimensão43x20x15mm

- Compatível com ArduinoSim

4.2.2.2. Instalação do hardware

O pino de 5V do sensor está ligado ao pino de 5V no Arduino, o pino GND está ligado ao pino GND, como mostra a figura (4-4) e (4-5) e o pino SIG (sinal) está ligado ao pino digital 7 no Arduino.

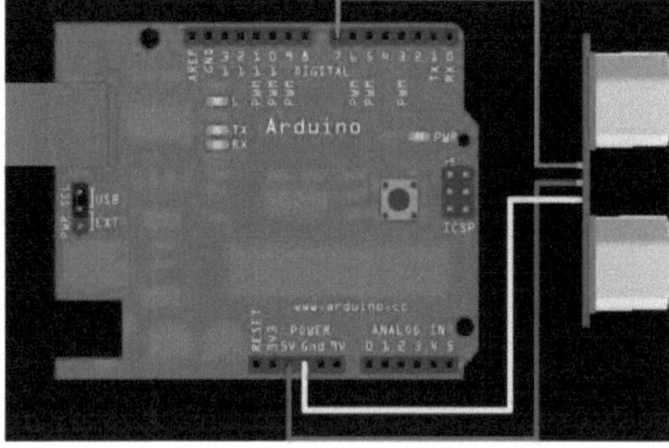

Figura (4-4) ligação do ultrassom com a imagem do Arduino [25]

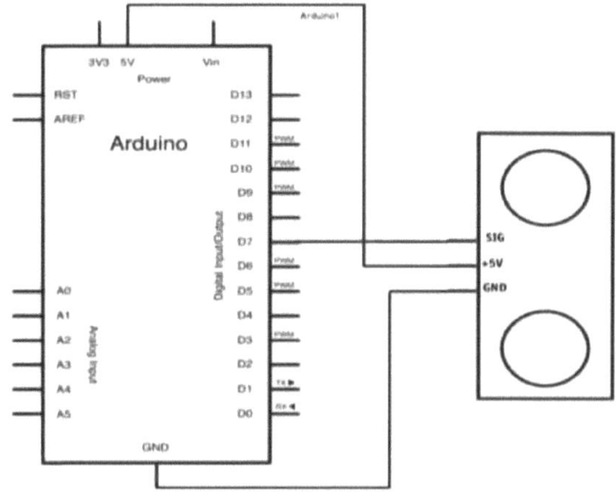

Figura (4-5) diagrama de blocos [25]

4.2.2.3. Teoria

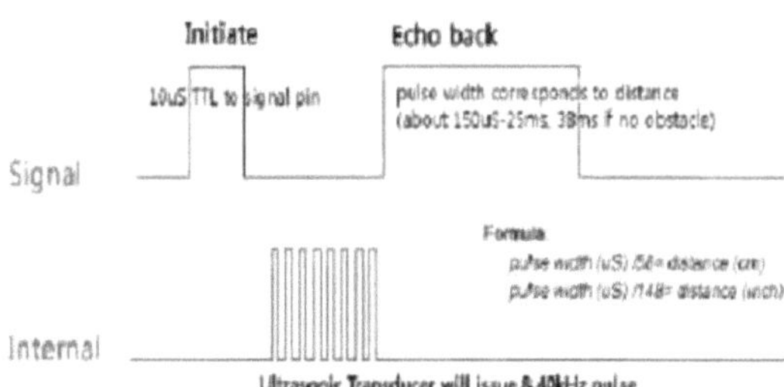

Figura (4-6) sinais ultra-sónicos [25]

Um curto impulso ultrassónico é transmitido no tempo 0 e refletido por um objeto. O sensor recebe este sinal e converte-o num sinal elétrico. O impulso seguinte pode ser transmitido quando o eco se desvanece. Este período de tempo é designado por período de ciclo. O período de ciclo recomendado não deve ser inferior a 50 ms. Se for enviado um impulso de disparo de 10μs de largura para o pino de sinal, o módulo ultrassónico emitirá oito sinais ultra-sónicos de 40kHz e detectará o eco de volta. A distância medida é proporcional à largura do impulso de eco e pode ser calculada pela fórmula acima. Se não for detectado qualquer obstáculo, o pino de saída emitirá um sinal de nível alto de 38 ms. A figura (4-6) mostra que o sinal é convertido [25]

4.2.3. Sensor de movimento PIR (sensor de movimento)

Os sensores PIR permitem detetar movimentos, quase sempre utilizados para detetar se uma pessoa se deslocou para dentro ou para fora do alcance dos sensores. São pequenos, baratos, de baixo consumo, fáceis de utilizar e não se desgastam. Por esse motivo, são normalmente encontrados em aparelhos e dispositivos utilizados em casas ou empresas. São frequentemente designados por sensores PIR, "Passive Infrared" (infravermelhos passivos), "Pyroelectric" (piroeléctricos) ou "IR motion" (movimento por infravermelhos).

O sensor PIR detecta o movimento medindo as alterações nos níveis de infravermelhos (calor) emitidos pelos objectos circundantes. Quando o movimento é detectado, o sensor PIR emite um sinal alto no seu pino de saída, a figura (4-8) mostra o PIR [26]

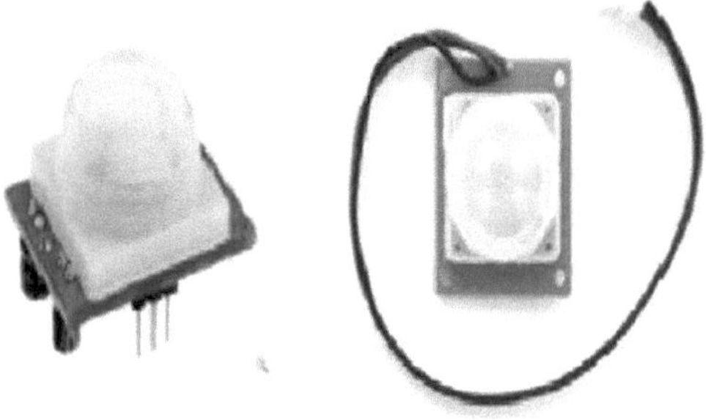

Figura (4-7) Sensor PIR [27]

4.2.3.1. Como funcionam os PIRs

Os sensores PIR são mais complicados do que muitos dos outros sensores explicados nestes tutoriais (como fotocélulas, FSRs e interruptores de inclinação) porque existem múltiplas variáveis que afectam a entrada e a saída dos sensores. Para começar a explicar o funcionamento de um sensor básico, vamos utilizar este diagrama bastante agradável, a figura (4-9), que mostra o funcionamento do PIR

O sensor PIR em si tem duas ranhuras, cada uma feita de um material especial que é sensível ao IR.

A lente utilizada aqui não está a fazer muito e, por isso, vemos que as duas ranhuras podem "ver" para além de uma certa distância (basicamente a sensibilidade do sensor). Quando o sensor está inativo, ambas as ranhuras detectam a mesma quantidade de IV, a quantidade ambiente irradiada pela sala, pelas paredes ou pelo exterior. Quando um corpo quente, como um humano ou um animal, passa, intercepta primeiro uma metade do sensor PIR, o que causa uma alteração diferencial positiva entre as duas metades. Quando o corpo quente deixa a área de deteção, o inverso acontece.

acontece, pelo que o sensor gera uma alteração diferencial negativa. Estes impulsos de mudança são o que é detectado. [26]

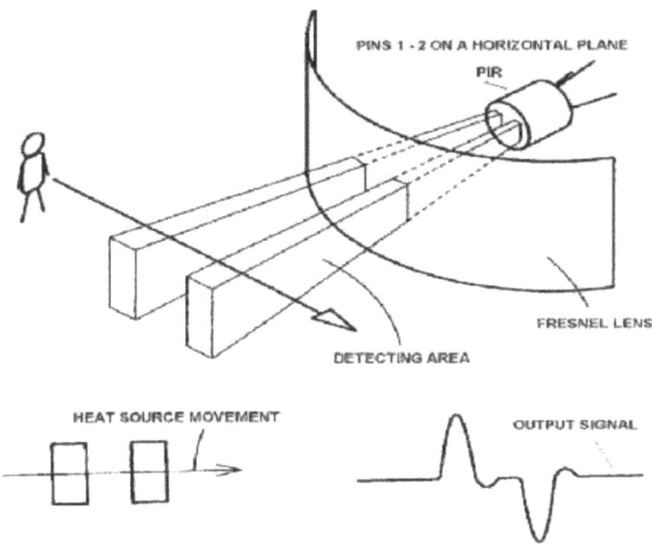

Figura (4-8) Princípio de funcionamento do sensor PIR. [26

A maioria dos módulos PIR tem uma ligação de 3 pinos na parte lateral ou inferior. A pinagem pode variar consoante os módulos, por isso verifique a pinagem três vezes! Muitas vezes está serigrafado mesmo ao lado da ligação (pelo menos, o nosso está!) Um pino será a terra, outro será o sinal e o último será a alimentação. A alimentação é normalmente de 3-5VDC, mas pode chegar aos 12V. Por vezes, os módulos maiores não têm saída direta e, em vez disso, apenas operam um relé, caso em que há terra, alimentação e as duas ligações do interrutor.

A saída de alguns relés pode ser de "coletor aberto", o que significa que é necessária uma resistência de pullup. Se não estiver a obter uma saída variável, tente ligar um pullup de 10K entre o sinal e os pinos de alimentação. Uma forma fácil de criar protótipos com sensores PIR é ligá-los a uma placa de ensaio, uma vez que a porta de ligação tem um espaçamento de 0,1". Alguns PIRs já vêm com cabeçalho, os da adfruit têm um cabeçalho reto de 3 pinos para ligar um cabo

4.2.3.2. Construir um alarme sensível ao movimento com um sensor PIR e um microcontrolador Arduino

Utilização de um PIR e leitura de sensores PIR

A ligação de sensores PIR a um microcontrolador é muito simples. O PIR actua como uma saída digital, pelo que tudo o que precisa de fazer é ouvir se o pino está alto (detectado) ou baixo (não detectado). É provável que queira voltar a ativar, por isso não se esqueça de colocar o jumper na posição **H**!

Alimentar o PIR com 5V e ligar a terra à terra. Em seguida, ligue a saída a um pino digital. Neste exemplo, vamos utilizar o pino 2Na figura (4-10)) mostramos como ligar o sensor PIR ao microcontrolador Arduino

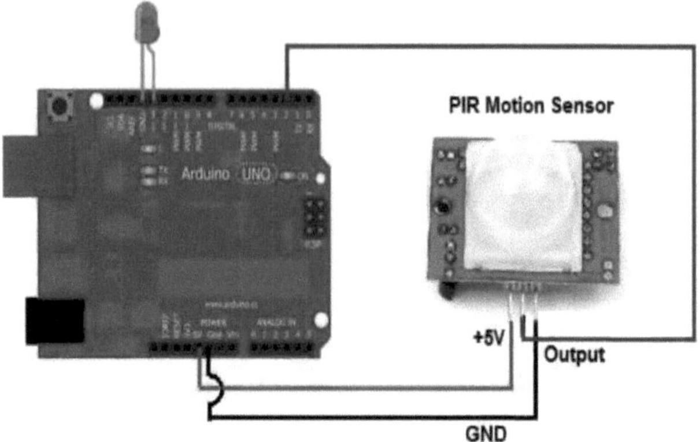

Figura (4-10)) Utilização de detectores de movimento com um Arduino Código para ligar o Arduino ao PIR [27]

O código para isto é bastante simples. Quando arranca, precisa de 2 segundos para tirar uma imagem para comparar. Quando o pino de sinal fica baixo, imprimimos algum texto no terminal de série (pode substituí-lo por qualquer código que queira) e esperamos novamente 2 segundos antes de verificar.

Podíamos tornar o código um pouco mais sofisticado para acabar com o atraso de 2 segundos após a deteção do movimento, mas descobri que o pino de sinal ligava e desligava durante alguns segundos após ter detectado o movimento pela primeira vez, pelo que esse atraso serve apenas para tratar disso [27]

4.2.4. Sensor de luz

As fotocélulas são sensores que permitem detetar a luz. A figura (4-11) mostra este sensor. São pequenos, baratos, de baixo consumo, fáceis de utilizar e não se desgastam. Por essa razão, aparecem frequentemente em brinquedos, gadgets e electrodomésticos. São muitas vezes designados por células CdS (são feitas de sulfureto de cádmio), resistências dependentes da luz (LDR) e foto-resistências.

Figura (4-11) Sensor de luz [28]

As fotocélulas são, basicamente, uma resistência que altera o seu valor resistivo (em ohms Ω) consoante a quantidade de luz que incide sobre a sua face ondulada. Têm um custo muito baixo, são fáceis de obter em vários tamanhos e especificações, mas são muito imprecisas. Cada sensor de fotocélula actuará de forma um pouco diferente do outro, mesmo que sejam do mesmo lote. As variações podem ser muito grandes, 50% ou mais! Por este motivo, não devem ser utilizadas para tentar determinar níveis de luz exactos em lux ou fábrica.

Em vez disso, é de esperar que apenas sejam capazes de determinar alterações básicas de luz. Figura (4-12)

Para a maioria das aplicações sensíveis à luz, como "está claro ou escuro lá fora", "há algo em frente ao sensor (que bloquearia a luz)", "há algo a interromper um feixe de laser" (sensores de feixe de rutura), ou "qual dos vários sensores tem mais luz a atingi-lo", as fotocélulas podem ser uma boa escolha! [28]

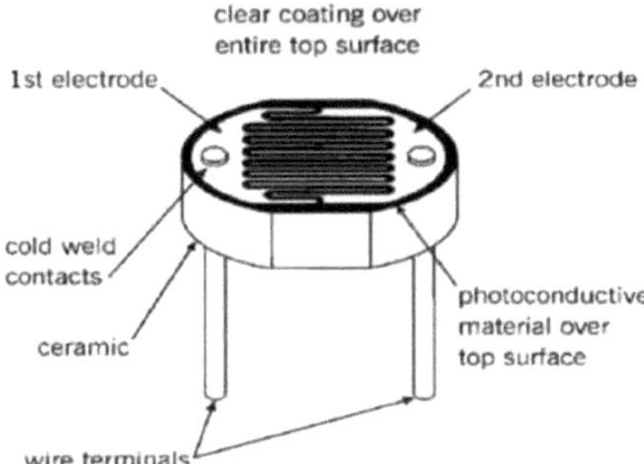

Figura (4-12) Construção típica de uma célula fotoeléctrica revestida de plástico [28]

4.2.4.1. Utilização de uma fotocélula

Método de leitura de tensão analógica

A maneira mais fácil de medir um sensor resistivo é ligar uma extremidade à alimentação e a outra a um resistor de pulldown à terra, como mostra a figura (4-13). Em seguida, o ponto entre o resistor pull-down fixo e o resistor variável da fotocélula é ligado à entrada analógica de um microcontrolador, como um Arduino, como mostra a figura (4-14) [29]

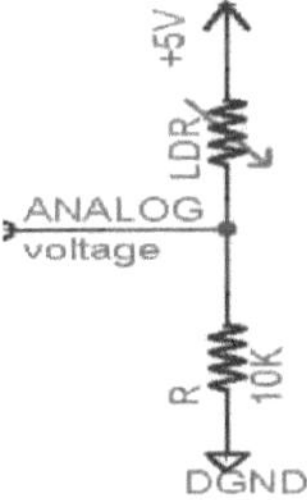

Figura (4-13) Leitura da tensão analógica [29]

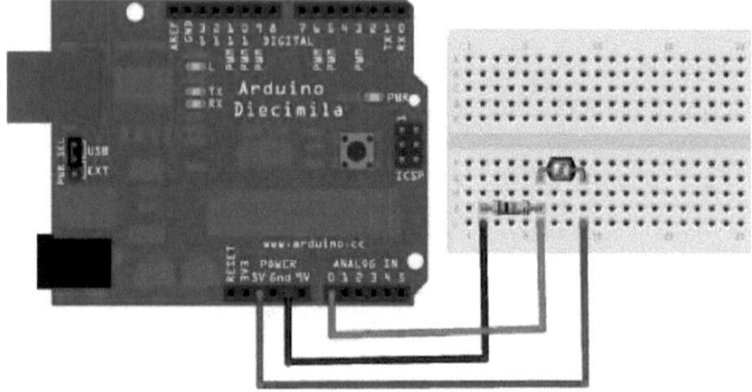

Figura (4-14) ligação da placa Arduino com sensor de iluminação [29]

Para este exemplo, estou a mostrá-lo com uma alimentação de 5V, mas note que pode utilizá-lo com uma alimentação de 3,3V com a mesma facilidade. Nesta configuração, a leitura da tensão analógica varia de 0V (terra) a cerca de 5V (ou aproximadamente o mesmo que a tensão da fonte de alimentação).

A forma como isto funciona é que, à medida que a resistência da fotocélula diminui, a resistência total da fotocélula e da resistência pulldown diminui de mais de 600KΩ para 10KΩ. Isto significa que a corrente que passa por ambas as resistências aumenta, o que, por sua vez, faz com que a tensão na resistência fixa de 10KΩ aumente. É um truque e tanto! [29]

Tabela (4-1) Esta tabela indica a tensão analógica aproximada com base na luz/resistência do sensor com uma alimentação de 5V e uma resistência de pulldown de 10KΩ. [29]

Ambient light like...	**Ambient light (lux)**	**Photocell resistance (Ω)**	**LDR + R (Ω)**	**Current thru LDR +R**	**Voltage across R**
Dim hallway	**0.1 lux**	600KΩ	610 KΩ	0.008 mA	0.1 V
Moonlit night	**1 lux**	70 KΩ	80 KΩ	0.07 mA	0.6 V
Dark room	**10 lux**	10 KΩ	20 KΩ	0.25 mA	2.5 V
Dark overcast day / Bright room	**100 lux**	1.5 KΩ	11.5 KΩ	0.43 mA	4.3 V
Overcast day	**1000 lux**	300 Ω	10.03 KΩ	0.5 mA	5V

A tabela (4-1) mostra a resistência e a tensão aproximadas com base na intensidade da luz. Se estiver a planear colocar o sensor numa área com muita luz e utilizar um pulldown de 10KΩ, este irá saturar rapidamente. Isto significa que atingirá o "teto" de 5V e não será capaz de distinguir entre um pouco brilhante e muito brilhante. Nesse caso, deve substituir o pulldown de 10KΩ por um pulldown de 1KΩ. Nesse caso, não será capaz de detetar tão bem as diferenças de nível de escuridão, mas será capaz de detetar melhor as diferenças de luz brilhante. Este é um compromisso que terá de decidir! [29]

4.2.5. Interruptor de contacto magnético (sensor de porta)

Basicamente, fiz este projeto porque nos esquecíamos sempre se tínhamos fechado todas as janelas e a porta ou não. Agora posso verificar a partir de locais remotos. Mas atenção: se fixar mal os sensores à porta/janela, esta pode cair e mostrar o estado aberto. Isto aconteceu-me uma vez. Também é possível atualizar a funcionalidade do sensor para acionar alarmes. Vou escrever um post sobre isto no meu projeto,

O nosso objetivo é criar um sistema de segurança, uma plataforma fiável e barata para a Internet das Coisas em sua casa, no seu mercado ou em qualquer local. Este projeto pode ser construído utilizando componentes electrónicos como a placa Arduino, sensores de porta, alguns fios de ligação ou Wi-Fi (ligação sem fios) para enviar o sinal ao microcontrolador Arduino quando a porta está aberta [30] .

Estes sensores são uma combinação de um íman e de um interrutor reed. O íman é colocado na porta e o interrutor reed no caixilho. Quando a porta se fecha, o íman fecha o interrutor reed, fechando o circuito. Ligamos um lado do interrutor à alimentação e o outro lado vai para uma porta GPIO no Arduino. Também temos de ligar uma resistência de pull down da porta GPIO à terra para que, quando o interrutor estiver aberto, a porta leia um sinal baixo. Agora, quando a porta está fechada, o interrutor está fechado e há um sinal alto na porta. Quando a porta está aberta, o interrutor está aberto e há um sinal baixo na porta [30]

4.2.5.1. DESCRIÇÃO

Este sensor é essencialmente um interrutor reed, envolto num invólucro de plástico ABS. Normalmente, a palheta está "aberta" (sem ligação entre os dois fios). A outra metade é um íman. Quando o íman está a menos de 13 mm (0,5") de distância, o interrutor reed fecha-se. São frequentemente utilizados para detetar quando uma porta ou gaveta está aberta, e é por isso que têm abas de montagem e parafusos. Também pode adquirir espuma de dupla face

fita adesiva de uma loja de ferragens para os montar, que funciona bem sem necessitar de parafusos, a figura (4-15) mostra este tipo de sensor [31]

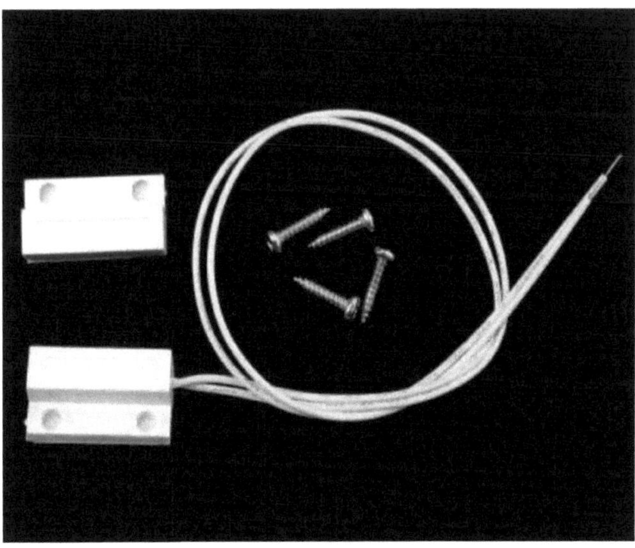

Figura (4-15) sensor de porta [31]

4.2.5.2. PORMENORES TÉCNICOS

- Interruptor reed normalmente aberto
- Compartimento do ABS (sistema de travagem antibloqueio)
- Corrente nominal: 100 mA máx.
- Tensão nominal: 200 VDC máx.
- Distância: 15mm max. [31]

4.2.6. Sensor de som

4.2.6.1. Apresentação do detetor de som

O detetor de som, como mostra a figura nº (4-16), é uma pequena placa que combina o microfone e alguns círculos de correção. Não só fornece a saída de áudio, mas também um sinal binário da existência de som, representação analógica da sua amplitude [32]

Figura (4-16) detetor de som [32]

4.2.5.2. Descrição de base

Este módulo permite-lhe descobrir quando o som ultrapassou um ponto de ajuste à sua escolha. O som é detectado através de um microfone e alimentado num amplificador operacional LM393. O ponto de ajuste do nível é modificado através da tensão na placa. Quando o nível de som excede o ponto de ajuste, um LED no módulo acende-se e a saída é enviada para baixo. [33]

Não são necessários muitos objectos para isto, mas para este projeto vamos precisar de

- Arduino Uno
- Sensor magnético de porta (Reed Switch)
- Fios de ligação
- LED

4.2.5.3. Utilizações para o detetor de som Arduino

Existe alguma aplicação para utilizar o Arduino para detetar o som, dado que este dispositivo mede se o som ultrapassou ou não um limiar, O que quero dizer com isto é que se pode fazer algo quando está calmo e/ou se pode fazer algo quando está alto. Por exemplo:

- É possível detetar se um motor está ou não a funcionar.
- Pode definir um limite para o som da bomba para saber se há ou não cavitação.
- Na ausência de som, pode querer criar um ambiente ligando a música.
- Na ausência de som e de movimento, pode entrar num modo de poupança de energia e desligar as luzes. [33]

4.2.5.4. Pinos do sensor de deteção de som do Arduino

A imagem n.º (4-17) e a tabela n.º 1 apresentam em pormenor os controlos, as saídas dos pinos e outros componentes-chave

Quando me refiro à sensibilidade, quero dizer o seguinte:

- Quando menos sensível, é necessário mais som para acionar o dispositivo
- Quando mais sensível, é necessário menos som para acionar o dispositivo [33]

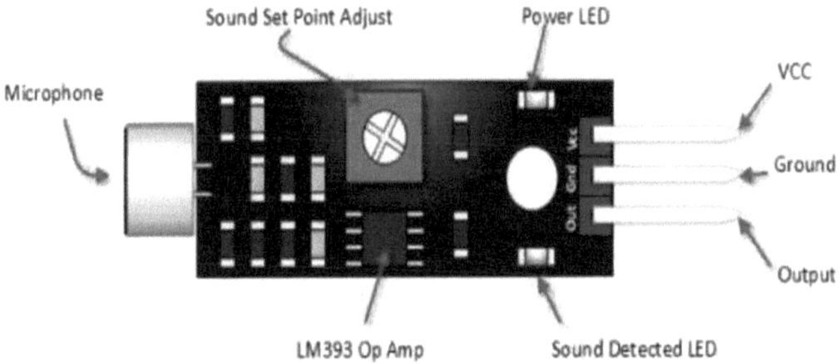

Figura (4-17) detetor de som [33]

Quadro (4-2)

Tutorial do sensor de deteção de som Arduino [33]

Parameter	Value
VCC	5 V dc from your Arduino
Ground	GND from your Arduino
Out	Connect to Digital Input Pin
Power LED	Illuminates when power is applied
Sound Detection LED	Illuminates when sound is detected
Sound Set Point Adjust	CW = More Sensitive CCW = Less Sensitive

4.2.5.5. Ligar o módulo sensor de som ao seu Arduino

Esta é a ligação típica de três pinos, a figura (4-18) mostra como ligar o sensor com Arduino [33]

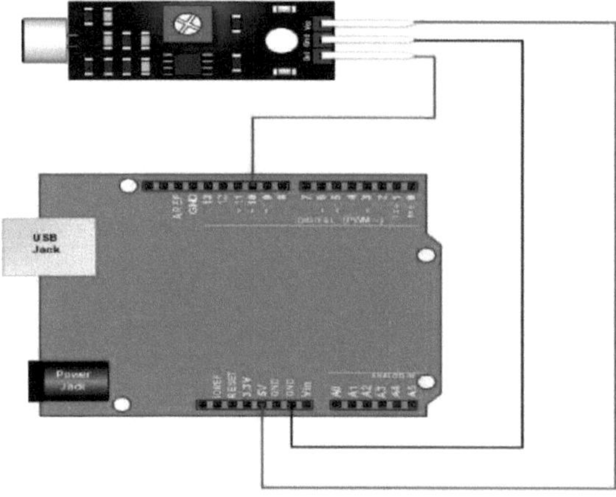

Figura (4-18) sensor de som com Arduino [33]

4.2.7. Sensor de vibrações

4.2.7.1. Introdução

Qual é a forma mais simples de verificar a vibração com o Arduino? Bem, use um sensor de vibração como mostrado nas figuras (4-19) e (4-20). Podemos ligá-lo diretamente ao nosso sensor, vibrar este sensor e o Arduino pode receber um sinal digital, facilitando a realização de cálculos e programas no Arduino.

Apesar da sua simplicidade, pode utilizá-lo plenamente com pensamento criativo, contagem de passos, luz de aviso de colisão, etc. [31O sensor de vibração piezoelétrico é adequado para medições de flexibilidade, vibração, impacto e toque. O módulo é baseado no sensor de película PZT LDT0-028. Quando o sensor se move para a frente e para trás, é criada uma certa tensão pelo comparador de tensão no seu interior. Uma ampla gama dinâmica (0,001Hz~1000MHz) garante um excelente desempenho de medição. E, podemos ajustar a sua sensibilidade ajustando o potenciómetro integrado com um parafuso [34]

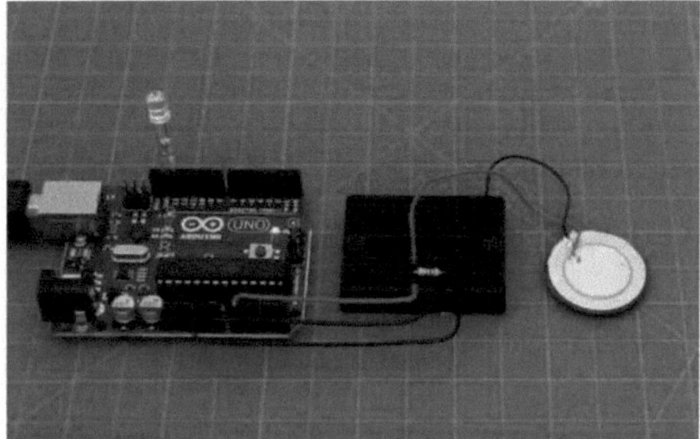

Figura (4-19) sensor de vibração com Arduino

4.2.7.2. Informações técnicas

Este sensor amortece um transdutor piezoelétrico. Quando o transdutor é deslocado do eixo neutro mecânico, a flexão cria tensão no elemento piezoelétrico e gera tensões. Se o conjunto for suportado pelos seus pontos de montagem e deixado a vibrar "no espaço livre", o dispositivo comportar-se-á como uma forma de sensor de vibração. O elemento sensor não deve ser tratado como um interrutor flexível e não se destina a ser dobrado.

O Valor do Sensor 500 corresponde aproximadamente a 0g de aceleração. A aceleração deflectirá o elemento sensor para cima ou para baixo, fazendo com que o Valor do Sensor oscile para qualquer lado. Este sensor não se destina a medir com precisão a aceleração e a vibração - utilize-o para detetar um impulso de aceleração ou a presença de vibração [35]

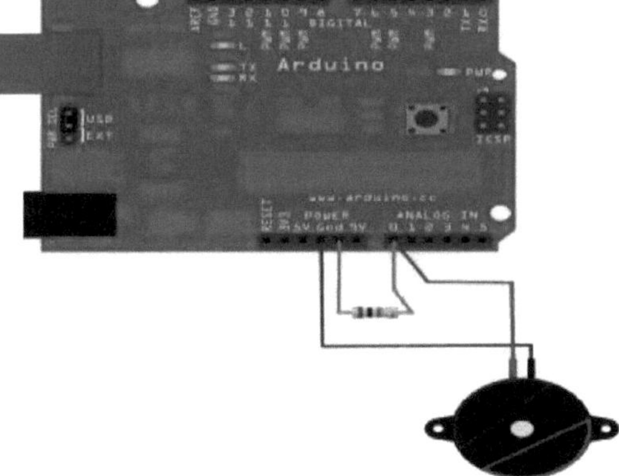

Figura (4-20) ligação do sensor [36]

4.8. Relé

A empresa produz um módulo de relé que pode ser ligado a 240V AC ou 28V DC ou 5V DC numa variedade de outras partes eléctricas. O relé pode ser utilizado em alarmes antirroubo, brinquedos, etc. O relé é um dispositivo controlado eletricamente. Tem um sistema de controlo (também conhecido como circuito de entrada) e o sistema de controlo (também conhecido como circuito de saída).

Comumente utilizado no circuito de controlo de automação, é na verdade uma pequena corrente para controlar uma grande operação de corrente "interrutor automático". Por conseguinte, o circuito ajusta automaticamente o jogo, a proteção de segurança, o circuito de conversão de transferência e assim por diante. Particularmente adequado para dispositivos eléctricos fortes de controlo de chip único. No controlo e utilização também é muito conveniente, basta dar entrada correspondente relé de saída diferentes níveis, você pode Conseguido através do controlo do relé fins de controlo de outros dispositivos, além disso, no layout PCB relé multi-canal sobre a utilização de duas linhas Layout, conexões de chumbo do usuário. Enquanto no circuito de um diodo DC adicionado muito melhorou relé

Módulo para ativar a capacidade de corrente para evitar que o transístor se queime. Além disso, adicionámos um relé que acende o indicador de alimentação (exceto o relé até ao fim), o indicador é vermelho. No relé mais brilhante também adiciona um indicador de estado. Figura (4-21) [37]

Figura (4-21) relé 5V DC [37]

4.9. Interface dos módulos de relé com o Arduino

Ligar a placa de 4 relés a um Arduino é muito fácil e permite-lhe ligar e desligar uma vasta gama de dispositivos, tanto AC como DC. As primeiras ligações são os pinos de terra e de alimentação. É necessário ligar o +5v do Arduino ao pino VCC da placa 4 Relay e o terra do Arduino ao pino GND da placa 4 Relay. Depois é só ligar os pinos de comunicação, denominados IN1, IN2, IN3 e IN4, dois 4 pinos de dados no Arduino[38] a figura (4-22) mostra a ligação do relé com o Arduino

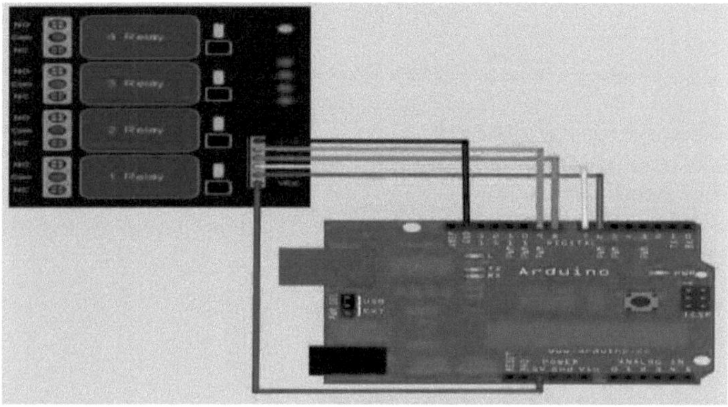

Figura (4-22) ligação do relé com o Arduino [38]

4.9. Interruptores

É um componente elétrico que pode interromper um circuito elétrico, interrompendo a corrente ou desviando-a de um condutor para outro. O mecanismo de um interrutor pode ser acionado diretamente por um operador humano para controlar um circuito (por exemplo, um interrutor de luz ou um botão de teclado), pode ser acionado por um objeto em movimento, como um interrutor de porta, ou pode ser acionado por um elemento sensor de pressão, temperatura ou fluxo. Um relé é um interrutor que é acionado por eletricidade. Os interruptores são fabricados para lidar com uma ampla gama de tensões e correntes; interruptores muito grandes podem ser utilizados para isolar circuitos de alta tensão em subestações eléctricas [39]

4.10. Placa de circuito impresso

As placas de circuito impresso são uma das peças mais fundamentais para aprender a construir circuitos. Nesta tese, vamos aprender um pouco sobre o que são placas de circuito impresso, porque é que se chamam placas de circuito impresso e como usar uma. Quando terminarmos, devemos ter uma compreensão básica de como as placas de ensaio funcionam e ser capazes de construir um circuito básico numa placa de ensaio. A figura (4-22) mostra a placa de circuito impresso,

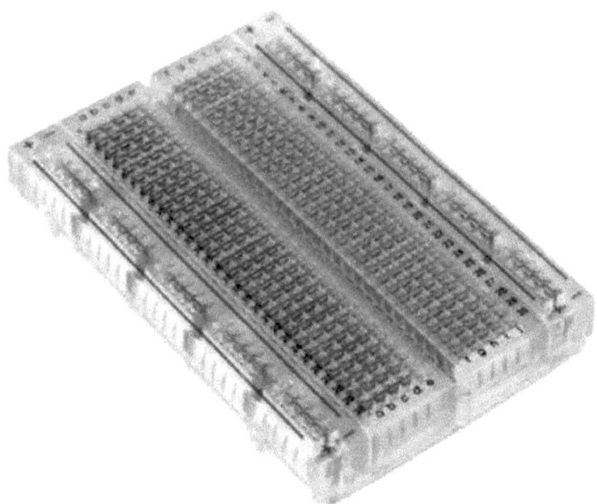

Figura (4-22) Breadboard [40]

Porque é que utilizamos placas de ensaio? Uma placa de circuito eletrónico refere-se, na verdade, a uma placa de circuito sem solda. Estas são unidades óptimas para fazer circuitos temporários e prototipagem, e não requerem absolutamente nenhuma soldadura.

A prototipagem é o processo de testar uma ideia através da criação de um modelo preliminar a partir do qual outras formas são desenvolvidas ou copiadas, e é uma das utilizações mais comuns das placas de ensaio. Se não tiver a certeza de como um circuito irá reagir sob um determinado conjunto de parâmetros, é melhor construir um protótipo e testá-lo. [40]

Capítulo 5

5.1. Conceção e desenvolvimento do sistema

5.1.1. Conceção do sistema

O sistema é composto principalmente por duas partes: a estação móvel e a unidade de microcontrolador. A estação móvel é responsável pela receção da mensagem e mostra o tipo de alarme para os sensores e obtém a resposta dos mesmos. É apenas uma interface de utilizador e não controla os dispositivos. A segunda unidade, a unidade de microcontrolador, é responsável pelo controlo dos dispositivos, processando as informações recolhidas dos dispositivos.

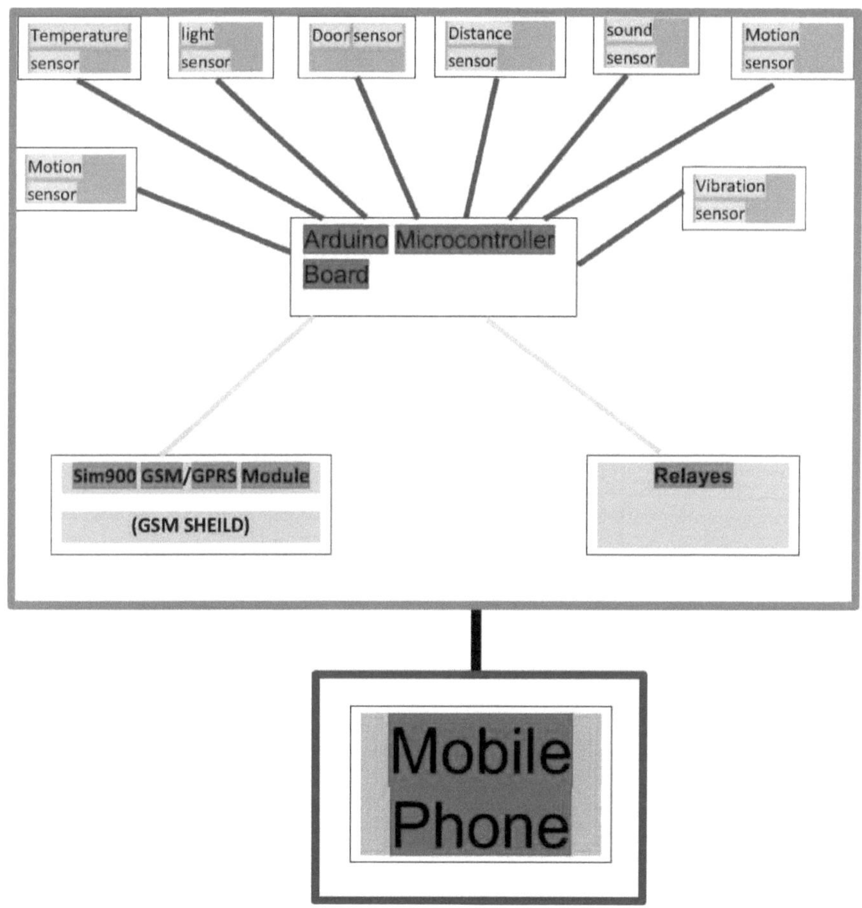

Figura (5-1): Diagrama de blocos do **sistema**

A unidade de microcontrolador é o cérebro do sistema e controla e processa a informação de e para todas as outras unidades do sistema,

O diagrama de blocos do sistema é apresentado na figura (5-1) e o diagrama do circuito na figura (5-2). Como já foi referido, o sistema é composto por duas unidades.

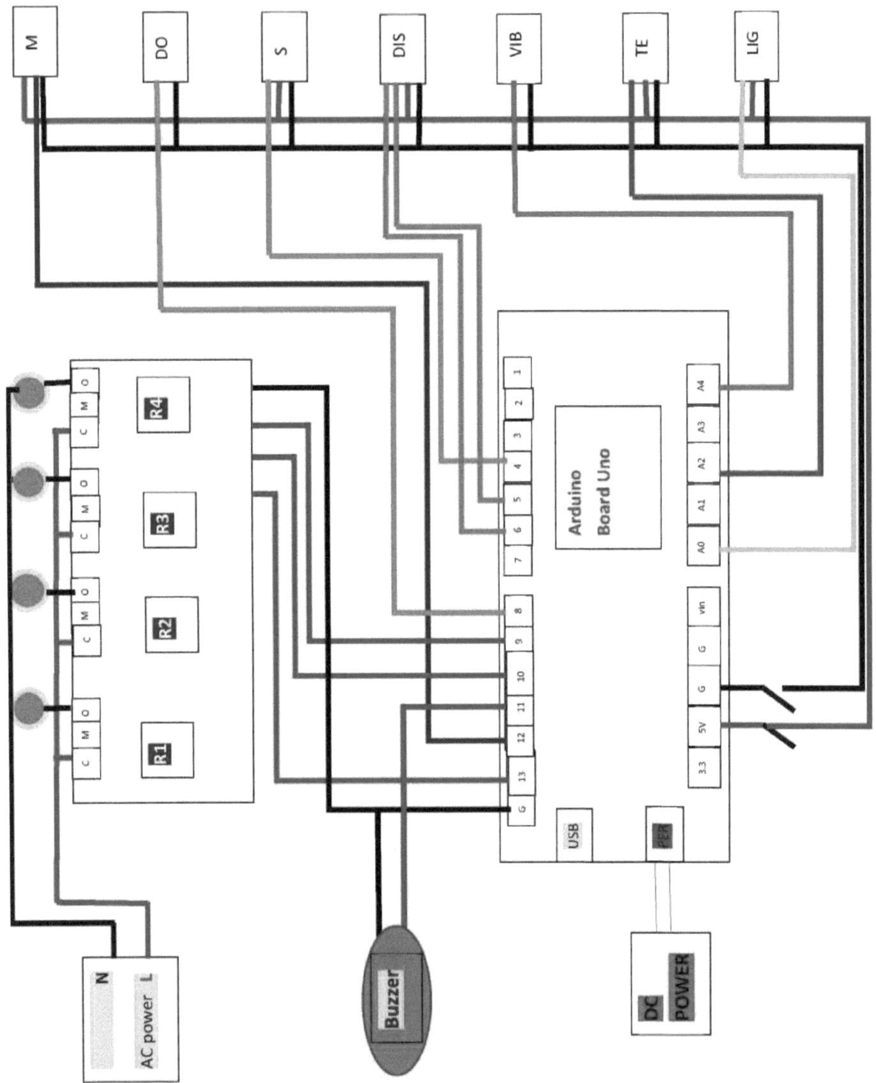

Figura (5-2) Esquema do circuito

A unidade de microcontrolador é constituída por sete sensores e conta com o módulo sim900 (GSM Shield). O Lm35 é o detetor de temperatura, o sensor de proximidade com saída digital é o detetor de intrusão e o sensor de infravermelhos passivo Panasonic é o detetor de movimento do sistema e o sensor de luz.

Os dados dos sensores são continuamente processados pelo microcontrolador e é enviado um alerta para a estação móvel se algo for detectado ou se algo ultrapassar o limite, no caso de um sensor de temperatura. Para além de receber o alerta após atingir o limite,. Estas três unidades do sistema são responsáveis pela segurança de um local. A outra parte da unidade de microcontrolador é o sistema de alarme, quando se executa qualquer um destes sensores sensíveis localizados como resultado de uma influência externa sobre a implementação do projeto irá funcionar duas instruções uma dentro do projeto, que é emitir um especificado no programador.

O módulo Sim900 GPRS/GSM actua como mediador entre a unidade do microcontrolador e a estação móvel e é responsável pela comunicação entre eles. Esta unidade é responsável pelo envio de informações do microcontrolador para a estação móvel, a instrução recebida pelo microcontrolador e o escudo GSM são mostrados ao utilizador pela estação móvel. Para além da unidade de microcontrolador, a segunda unidade do sistema é a estação móvel, que é apenas um telemóvel. Não é necessária qualquer caraterística ou aplicação especial para que o telemóvel faça parte do sistema. Qualquer telemóvel que suporte a aplicação de mensagens é adequado para o sistema. O alerta do microcontrolador é também recebido sob a forma de texto. O sistema actua como um sistema de localização inteligente, proporcionando segurança à localização, bem como um sistema de gestão remota para os dispositivos no interior da localização.

5.2. Requisitos básicos para o enquadramento deste projeto:

- seguro - não queremos que o nosso vizinho (ou um estranho a 1000 km de distância) ligue/desligue as nossas luzes.
- fiável - não necessita de explicações adicionais.
- económico - queremos construir o nosso sistema utilizando componentes facilmente disponíveis no mercado a baixo preço.
- acesso ao nosso sistema a partir de qualquer lugar com diferentes opções de ligação.
- baixo consumo de energia - o nosso sistema funciona 24 horas por dia, 7 dias por semana, pelo que não queremos aumentar a nossa fatura de eletricidade por causa disso. Também queremos que os nossos sensores funcionem com baterias durante pelo menos um ano (por vezes até 5-10 anos). [41]

5.3. Interface com o módulo Sim900 GPRS/GSM

O módulo Sim900 é uma parte importante do sistema responsável pela comunicação entre o microcontrolador e o telemóvel. Os comandos AT são utilizados para fazer a interface com o módulo, bem como para o configurar.

Primeiro, importar a biblioteca GSM

```
#including<GSM.h>
```

Listing-1-GSM library

Os cartões SIM podem ter um número PIN que ativa a sua funcionalidade. Defina o PIN do seu SIM. Se o SIM não tiver PIN, podemos deixá-lo em branco:

```
#define PINNUMBER""
```

Listing-2-define the SIM

Inicialize as instâncias das classes que vai utilizar. vamos precisar das classes GSM e GSM_SMS.

```
GSM gsmAccess;
GSM_SMS sms;
```

Listing -3-Access to GSM

Em [setup] , abra uma ligação série ao computador. Depois de abrir a ligação, enviar uma mensagem indicando que o sketch foi iniciado.

```
void setup()
{
    Serial.begin(9600);
        Serial.println("SMS Messages Sender")
```

Listing-4-Void function

Crie uma variável local para registar o estado da ligação. Utilizá-la-emos para impedir que o sketch arranque até o SIM estar ligado à rede:

```
boolean notConnected = true;
```

listing-5-following of connection

Ligue-se à rede chamando [gsmAccess.begin()], que recebe o PIN do cartão SIM como argumento. Ao colocar isto dentro de um loop while(), pode verificar continuamente o estado da ligação. Quando o modem se conecta, [gsmAcces()] retornaráGSM_READY. Use isso como um sinalizador para definir a variávelotConnected como true ou false. Uma vez conectado, o restante da configuração será executado.

```
while(notConnected)
    {
 if(gsmAccess.begin(PINNUMBER)==GSM_READY)
notConnected = false;
   else
{
    Serial.println("Not connected");
            delay(1000)
        }
                }
```

Listing-6- GSM program to connection with network

Terminar a configuração com algumas informações para o monitor de série.

```
Serial.println("GSM initialized.");
  }
```

Listing-7-ending the setup function

Listagem-8-ilustração Esta função chama sms.beginSMS() para começar a enviar a mensagem, sms.print()para escrever a mensagem necessária e enviá-la para o número de telefone existente entre parêntesis na função [sms,beginSMS() , e sms.endSMS() para completar o processo. Imprima algumas informações de diagnóstico e feche o [loop]. A sua mensagem está a caminho!

```
Serial.println("SENDING");
           Serial.println();
          Serial.println("Message:");
          Serial.println(txtMsg);
          sms.beginSMS(remoteNumber);
         sms.print(txtMsg);
           sms.endSMS();
          Serial.println("\nCOMPLETE!\n");
           }
```

Listing-8-sensing of message function

e depois de escrever todo o código com todos os sensores, o código final é carregado, abra o monitor de série. Certifique-se de que o monitor de série está definido para enviar apenas um carácter de nova linha no regresso. Quando lhe for pedido que introduza o número que pretende chamar, introduza os dígitos e prima return. Em seguida, o sistema enviará a mensagem de alerta proveniente de qualquer sensor.

5.4. Interface e implementação de sensores

Existem diferentes áreas que têm de ser monitorizadas frequentemente e dispositivos que têm de ser verificados dentro e à volta do local. Por exemplo, as portas e as janelas têm de ser vigiadas contra os assaltantes que as tentam abrir, bem como o movimento de estranhos nas instalações da casa. Da mesma forma, e ao mesmo tempo que o local ou o edifício precisam de ser protegidos contra incêndios, qualquer pessoa pode querer proteger o seu local ou monitorizá-lo utilizando vários sensores e pode precisar de ver o estado do seu local remotamente através do seu telemóvel. Além disso, a temperatura do edifício também tem de ser monitorizada para acionar o alarme ao atingir o ponto crítico antes de ocorrer qualquer incêndio. O controlo da temperatura, o movimento de um estranho, a abertura e o fecho de portas e janelas, a distância, a iluminação e os restantes sensores são efectuados pelos sensores designados. Os sensores podem ser implementados como diferentes tipos de detectores de acordo com a necessidade da aplicação e o desejo humano. O funcionamento dos sensores é gerido por software. Uma vez que existem diferentes tipos de sensores, estes são interligados de acordo com a saída e as propriedades do sensor. O circuito externo para interligar o sensor com a aplicação depende do tipo

do sensor e não é obrigatório, uma vez que alguns sensores não precisam dele e a saída pode ser accionada diretamente e utilizada na aplicação.

5.5. Detetor de calor (sensor de temperatura)

A temperatura é uma das áreas a monitorizar num local e tem de ser conhecida em qualquer altura. Como diz o ditado "mais vale prevenir do que remediar", é melhor monitorizar a temperatura do edifício para evitar que este se incendeie do que para o extinguir, e é melhor acionar o alarme de que o edifício pode estar a arder do que acionar o alarme depois de estar a arder. Para além disso, um sensor de temperatura pode ser instalado num edifício para vários fins, para além de ser apenas um alarme de incêndio. Pode ser utilizado em locais como um abrigo frigorífico, onde a temperatura tem de ser controlada cuidadosamente, ou num edifício de comunicações, onde o equipamento de comunicação necessita de um local frio para que a temperatura não suba acima de um determinado ponto. Do mesmo modo, pode ser utilizado para controlar o aquecimento da casa, para que o edifício não aqueça acima de uma determinada temperatura e a eletricidade não seja utilizada pelo sistema de aquecimento depois desse ponto. Ajuda a melhorar a situação financeira do utilizador, regulando a utilização da eletricidade. O sensor de temperatura pode ser instalado no edifício e a temperatura pode ser verificada sempre que o proprietário o desejar. O limite pode ser definido para a temperatura para acionar o alarme de que a temperatura está acima do ponto crítico. O ponto crítico definido depende inteiramente do local de instalação. Por exemplo, o ponto crítico de um sensor instalado numa câmara frigorífica é muito baixo em comparação com o ponto crítico definido para o alarme de incêndio. 25

O sensor de temperatura LM35 é utilizado como detetor de calor no sistema. É utilizado como um sensor de temperatura centígrado básico que pode detetar a temperatura de +2 °C a +250 °C. A fonte de alimentação de 5V é utilizada a partir da porta da placa Arduino e a entrada e a saída são ligadas à porta de entrada/saída do Arduino

A ligação dos pinos do LM35 é mostrada na figura 9. A porta de entrada analógica A0 da placa Arduino é utilizada como porta de entrada e a porta de saída de 5V da placa Arduino é utilizada como fonte de alimentação para o LM35. Uma vez que o sensor é utilizado como um sensor básico de temperatura centígrada, não é necessário qualquer circuito externo e a saída do sensor pode ser conduzida diretamente para a porta de entrada da placa

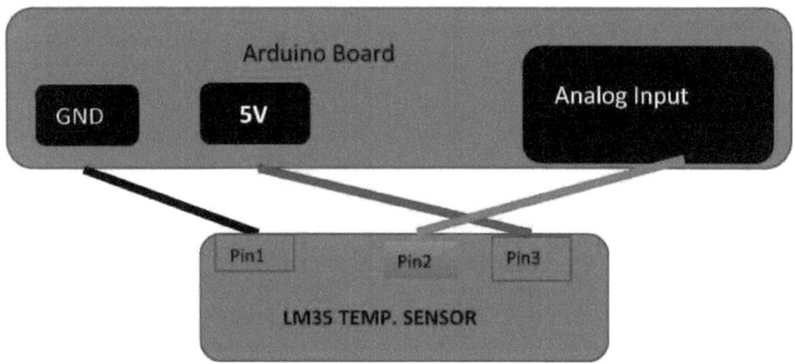

Figura (5-3): Diagrama de blocos da ligação dos pinos do LM35

A conexão dos pinos do LM35 é mostrada na figura 5-3. A porta de entrada analógica A0 da placa Arduino é utilizada como porta de entrada e a porta de saída de 5V da placa Arduino é utilizada como fonte de alimentação para o LM35. Uma vez que o sensor é utilizado como um sensor básico de temperatura centígrada, não é necessário qualquer circuito externo e a saída do sensor pode ser conduzida diretamente para a porta de entrada da placa.

O código da listagem (9) utilizado para fazer a interface com o sensor e para calcular a temperatura é apresentado de seguida:

```
int Temp_sensor = A0;
pinMode(11,OUTPUT);
int R;
float T;
R=analogRead(Temp_sensor);  //reads the output
T=(5.0*R*100)/1042;
If(T>=55)                   //if the temperature exceeds 55C,sends a
SMS
{
DigitalWrite(11,HIGH);
Delay(1000);
Serial.println(T);
Sms.beginSMS("0728620560");
Sms,print("temperature high");
Sms,endSMS();
Delay(1000);
Sms.flush();
Delay(1000)
```

Listing 9: C code used to read the temperature

O microcontrolador lê a tensão de saída do sensor a cada segundo, utilizando a função analogRead. A temperatura é a função da tensão de saída (R), pelo que pode ser calculada através da matemática. A temperatura é calculada a partir da tensão de saída utilizando a fórmula apresentada na listagem 9 e, se exceder o limite definido no software, envia automaticamente um SMS para o telemóvel especificado no software. O limite da temperatura para enviar o SMS pode ser alterado em função do ambiente do local onde o sensor é colocado e da aplicação. Por exemplo, se o sensor for colocado numa câmara fria para manter a temperatura da divisão, o limite deve ser muito baixo, e se o sensor for colocado numa divisão para detetar um incêndio, o limite deve ser elevado. Além disso, é possível obter a temperatura do local onde se encontra o sensor enviando simplesmente um SMS para o módulo GPRS.

5.6. Detetor de movimentos

Os detectores de movimento são utilizados para detetar o movimento indesejado de pessoas em torno das instalações restritas. Assim, os sensores de infravermelhos passivos podem ser utilizados como detectores de movimento e o alarme pode ser acionado se houver algum movimento em torno das instalações restritas. O sensor de infravermelhos passivo fabricado pela Panasonic é utilizado como detetor de movimento no sistema. A fonte de alimentação de 5V é fornecida ao sensor através da placa e a saída do sensor é ligada à entrada digital da placa Arduino. O gráfico de temporização da saída digital do sensor de infravermelhos é apresentado na figura 5-4.

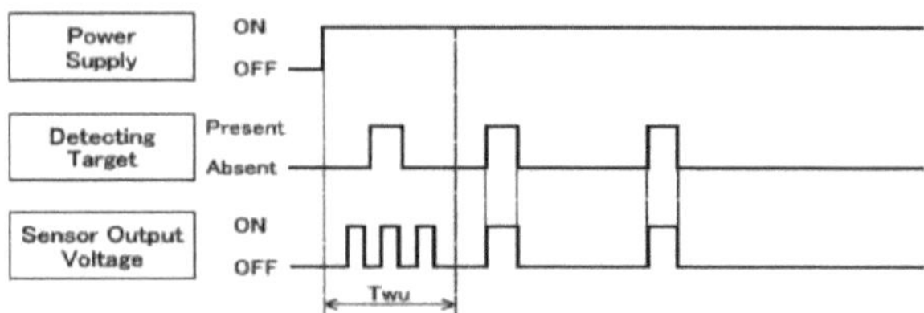

Figura (5-4): Gráfico de temporização da saída digital do sensor de infravermelhos passivo

Reproduzido da folha de dados do sensor de infravermelhos passivo da Panasonic [41]

Como se pode ver na figura 5-4, o sensor é ativado através da alimentação do sensor com uma tensão específica fornecida pelo fabricante. A tensão de saída do sensor é elevada sempre que o alvo é detectado no campo do sensor. Twu é o tempo de estabilidade do circuito durante o qual a tensão de saída do sensor é indefinida (ON/OFF) e a deteção não é garantida.

```
The code
PinMode(12,INPUT);
PinMode(13,OUTPUT);
Int bn1;
Bn=1;
Bn1=digitalRead(12);
Serial.println(bn1);
If(bn==1)
{    sms.beginSMS("0728620560");
sms.print("motion around house");
sms.endSMS();
sms.flush();
delay(1000);
}
```

Listing 10: Calibrating and interfacing PIR sensor code implementation

A implementação do código em linguagem C para calibração e ligação em interface do sensor passivo de infravermelhos é apresentada na listagem 10. Uma vez que o tempo de calibração é fornecido no software após a ativação do sensor e antes da sua medição efectiva. Existem apenas dois estados possíveis para a saída do sensor: alto ou baixo. A saída do sensor é ligada à porta de entrada digital 10 da placa e o estado é lido no software utilizando a função digitalRead. Assim que houver um movimento de uma pessoa em torno do local onde o sensor está instalado, será enviado um alerta para o telemóvel informando sobre o movimento da pessoa.

5.7. Detetor de intrusão

Geralmente, os sensores de intrusão são colocados nas portas e janelas para detetar a intrusão de um ladrão em casa. O detetor de intrusão é utilizado para dar segurança extra juntamente com outros detectores. O sensor de proximidade de efeito Hall é fabricado pela Comus Europe Limited e funciona com base no princípio do efeito Hall. Para a instalação do sensor de proximidade, é fixado um íman na moldura da porta ou da janela, enquanto o sensor é fixado na própria porta ou janela. O íman e o sensor devem ser instalados de modo a ficarem próximos um do outro sempre que a porta ou a janela estiver fechada. O pólo sul do íman deve estar virado para o sensor no momento do fecho, uma vez que o sensor é um sensor de proximidade unipolar de efeito Hall

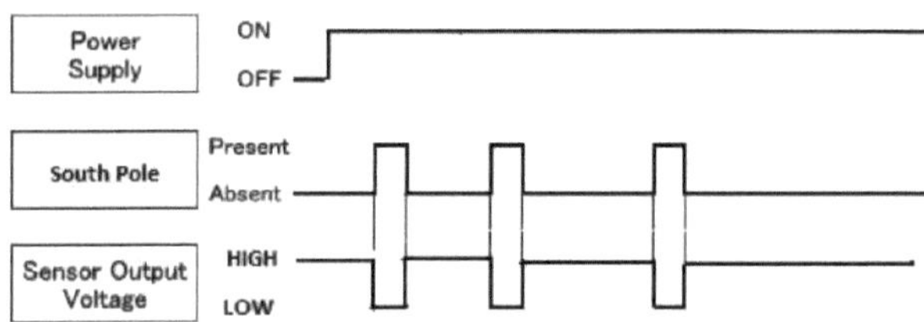

Figura (5-5): Gráfico de temporização da saída digital de um sensor de proximidade de efeito Hall

A Figura 5-5 mostra o gráfico de temporização da saída digital para o sensor de proximidade de efeito Hall unipolar. Uma vez que o sensor é unipolar, é afetado apenas pelo pólo sul do íman. O sensor é ativado através da alimentação do sensor com a tensão especificada e o valor de saída do sensor torna-se baixo na presença do pólo sul magnético, como se mostra na figura 5-5.

A saída do sensor é baixa quando a porta ou janela está fechada, uma vez que o pólo sul do íman está próximo do sensor. Sempre que a porta está aberta, a porta afasta-se da moldura, o que significa que o sensor se afasta do íman e a saída do sensor fica alta. A implementação do código C para ligar o sensor de proximidade é mostrada abaixo:

```
int door_sensor=8;
pinMode(door_sensor,INPUT);
door_output=digitalRead(door_sensor);
if(door_output == LOW){
sms.beginSMS("0728620560");
  sms.print("door open");
  sms.end();
  }
```

Listing 11: C-code compilation for interfacing proximity sensor

A linguagem de código C para a interface e implementação de um sensor de proximidade é apresentada na listagem 11. A saída do sensor (alta ou baixa) é lida pela função digitalRead. A saída do sensor fica baixa sempre que o contacto do sensor se abre e, em seguida, o sensor envia a mensagem. Nesta aplicação, é enviado um SMS sempre que o contacto do sensor se abre. O sensor envia um sinal ao Arduino para que este envie a mensagem para o número de telemóvel que, no programa explicado na listagem 11, se encontra acima. No entanto, o mecanismo é o mesmo e a implementação da aplicação pode ser alterada mudando um único código C no programa.

5.8. Sensor de luz

O sensor de luz, ou o que é conhecido como uma foto-resistência, o valor da resistência eléctrica varia com a quantidade de luz que lhe é exposta, e o sinal de saída do sensor de iluminação é considerado uma tensão analógica de saída, o sensor de iluminação é usado para detetar a ausência ou a perda de luz e colocado o sensor em vários locais que requerem uma iluminação contínua, como centrais eléctricas, comunicações e outros locais importantes figura (5-6) mostra como o sensor de luz está ligado ao microcontrolador Arduino

A porta de entrada analógica A0 da placa Arduino é utilizada como porta de entrada e a porta de saída de 5V da placa Arduino é utilizada como fonte de alimentação para o LM35. Uma vez que o sensor é utilizado como um sensor básico de temperatura centígrada, não é necessário qualquer circuito externo e a saída do sensor pode ser conduzida diretamente para a porta de entrada da placa

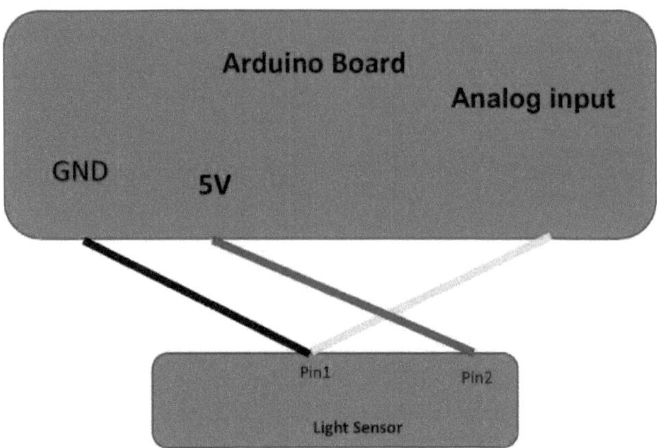

Figura (5-6): Diagrama de blocos da ligação dos pinos do sensor de luz

```
The code
Const int pp=A0;
PinMode(9,OUTPUT);
Int PR;
PR=analogRead(PP);
Serial,println(PR);
If(PR<=500)
DigitalWrite(9,HIGH);
Delay(1500);
DigitalWrite(9,LOW);
Delay(1000);
Sms.beginSMS("0728620560");
Sms.println(light low");
Sms.endSMS();
Sms.flush();
```

Listing -12-: Calibrating and interfacing light sensor code implementation

A linguagem de código C para a interface e implementação do sensor de luz é apresentada na listagem 12. A saída do sensor (alta ou baixa) é lida pela função digitalRead. A saída do sensor fica baixa sempre que o contacto do sensor se abre e, em seguida, o sensor envia a mensagem. Nesta aplicação, é enviado um SMS sempre que o contacto do sensor se abre, o sensor envia um sinal ao Arduino para enviar a mensagem para o número de telemóvel, o que, no programa explicado na listagem 12. No entanto, o mecanismo é o mesmo e a implementação da aplicação pode ser alterada mudando um único código C no programa

5.9. Sensor de distância

O sensor ultrassónico HC-SR04 é um sensor de proximidade/distância muito acessível que tem sido utilizado principalmente para evitar objectos em vários projectos de robótica. Essencialmente, dá ao seu Arduino olhos / consciência especial e pode evitar que o seu robot se despenhe ou caia de uma mesa. Também tem sido utilizado em aplicações de torres, deteção de nível de água e até como sensor de estacionamento. Este projeto simples irá utilizar o sensor HC-SR04 com um Arduino e um esboço de processamento, e podemos utilizar este sensor para detetar qualquer pessoa ou corpo estranho que esteja a chegar ao edifício e na figura no (5-8) mostrar a ligação deste sensor com o Arduino, existem diferentes tipos de sensores ultra-sónicos onde alguns têm 3 pinos e alguns têm 4 pinos e outros têm 5 pinos no nosso projeto vamos utilizar o sensor ultrassónico de 4 pinos. Por isso, liguei os pinos desta forma:

VCC -> pino +5V do Arduino

GND -> Pino GND do Arduino

Trig -> Pino digital 5 do Arduino

Echo -> Pino digital 6 do Arduino

Na figura (5-7) mostra-se a ligação, o pino Trig será usado para enviar o sinal e o pino Echo será usado para ouvir o sinal de retorno.

Figura (5-7) sensor ultrassónico [42]

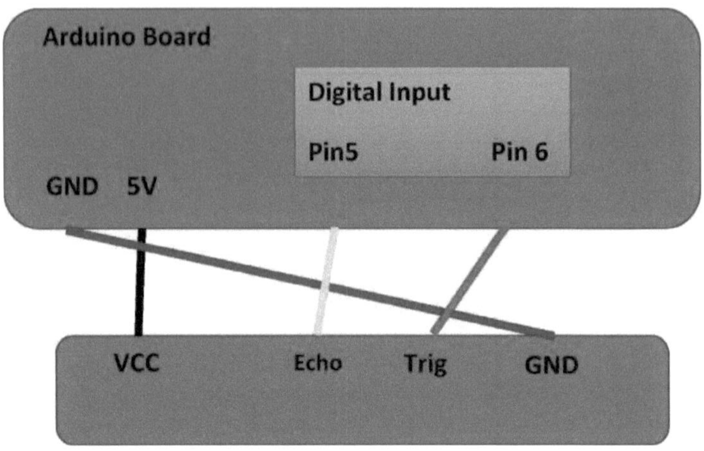

Figura (5-8): Diagrama de blocos da ligação de pinos do sensor ultrassónico

```
The code
     PinMode(6,OUTPUT);

     PinMode(5,INPUT);
     Long duration,distance;
     DigitalWrite(6,LOW);
     DelayMicriseconds(2);
     DigitalWrite(6,HIGH);
     DelayMicrosecond(10);
     DigitalWrite(6,LOW);
     Duration=pulseln(5,HIGH);
     Distancia=(duration/2)/29;
     Serial.println(distancia);
     Sms.beginSMS("0728620560");
     Sms.println("the system is dangerous");
     Sms.endSMS()
     Listing :13-: Calibrating and interfacing distance sensor
code implementation
```

A linguagem de código C para a interface e implementação do sensor de distância é apresentada na listagem 13

O ciclo trigPin(pin5)/echoPin(pin6) é utilizado para determinar a distância do objeto mais próximo através do ressalto de ondas sonoras

5.10. Sensor de som

Este módulo permite-lhe detetar quando o som ultrapassa um ponto de regulação selecionado por si. O som é detectado através de um microfone e alimentado num amplificador operacional LM393. O ponto de regulação do nível de som é ajustado através de um potenciómetro integrado.

Quando o nível de som excede o ponto definido, um LED no módulo acende-se e a saída é enviada para baixo.

Existem várias aplicações para utilizar o sensor de som, nomeadamente

- É possível detetar se um motor está ou não a funcionar.
- Pode definir um limiar para o som da bomba para saber se há ou não cavitação.
- Na ausência de som, pode querer criar um ambiente ligando a música.
- Na ausência de som e de movimento, pode entrar em modo de poupança de energia e apagar as luzes.
- No edifício de comunicações, quando se ouve um som anormal

O sensor é ligado como na figura () onde utilizámos um sensor com três pinos

VCC -> pino +5V do Arduino

GND -> Arduino

Saída do pino GND> Pino digital 4 do Arduino

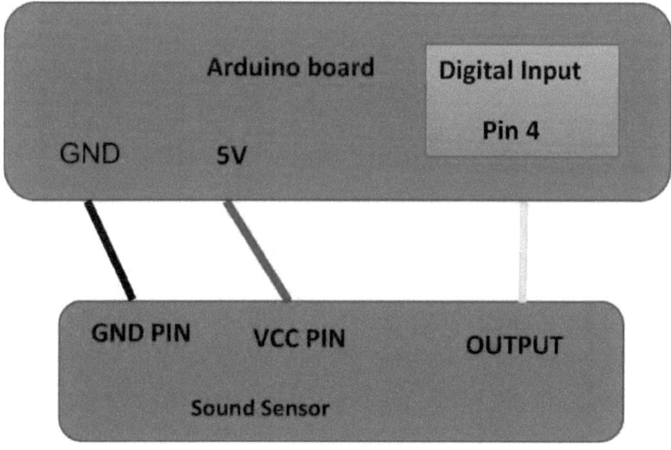

Figura (5-9): Diagrama de blocos da ligação de pinos do sensor de som

O sinal de saída do sensor será digital e vai para o Arduino no pino digital (4) quando o som excede o ponto de definição que selecciono

E depois o Arduino dará uma tensão de saída de 5v no pino 7 e o número de listagem (0 é mostrado o código para o sensor

```
The code
      Int So=7;
      Int Si=4;
      PinMode(So,OUTPUT);
      PinMode(Si,INPUT);
      S=digitalRead(Si);
      Serial.println(S);
      If (S==HIGH) {
      DigitalWrite(So,HIGH);
      Delay(1000);
      Sms.beginSMS9"0728620560");

 Sms.endSMS()
 }
```

Listing :14- C code used to read the sound

A linguagem de código C para a interface e implementação do sensor de som é apresentada na listagem 14

O microcontrolador lê a tensão de saída do sensor a cada segundo, utilizando a função analogRead. A temperatura é a função da tensão de saída (S), pelo que a temperatura é calculada a partir da tensão de saída utilizando o código apresentado na listagem 14 e enviará automaticamente um SMS para o telemóvel especificado no software

5.11. Sensor de vibrações

Neste projeto, vamos falar sobre o elemento piezoelétrico. Este componente pode ser utilizado como um sensor de vibração ou de batida. Também pode ser utilizado para produzir sons, mas não é esse o objetivo deste tutorial. Vamos concentrar-nos na aplicação do sensor,

O sensor piezoelétrico funciona muito bem com o Arduino. Os seus 2 pinos vão simplesmente para o terminal analógico A4 e 5V do Arduino. A4 será configurado para ser terra e 5V será o pino de sentido positivo do sensor de vibração, conforme mostrado na figura (5-10). Este pino irá detetar se existe ou não vibração.

O pino positivo do relé (o ânodo) irá para o pino digital 9 do Arduino e o pino negativo ou terra (o cátodo) será ligado à terra. Não é necessário ligar nenhuma resistência em série com o relé porque o pino digital 9 tem resistência incorporada. Portanto, há suficiente

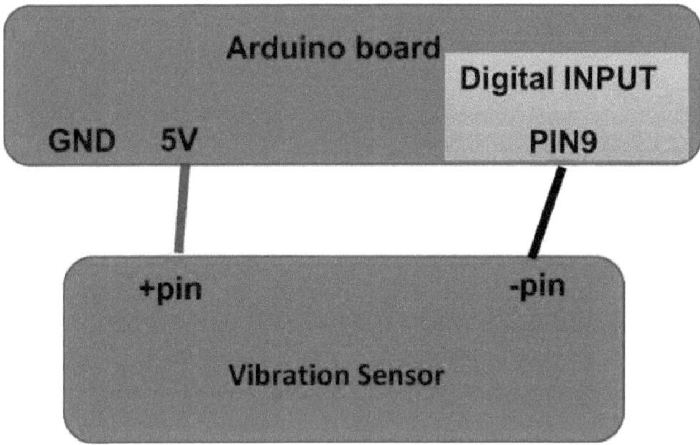

Figura (5-10): Diagrama de blocos da ligação de pinos do sensor de vibração

Resistência intrínseca para limitar a corrente que vai para o relé, de modo que não é necessária uma resistência externa.

Com esta configuração de hardware, vamos programar o software para que este relé funcione quando for atingida uma vibração acima de um determinado limiar.

Agora que temos o nosso circuito configurado, só precisamos de ligar o Arduino a um computador através de uma porta USB.

Uma vez que isso esteja no lugar, podemos agora escrever o código para programar o circuito como mostrado na listagem (5-10)

```
Const int pv=A4;
PinMode(5,OUTPUT);
int Ph;
Ph=analogRrad(Pv)
serial.println(Ph);
if(Ph>=1000) {
digitalWrite(9,HIGH);
delay(500);
digitalWrite(9,LOW);
delay(1000);
serial.println(Ph);
sms.beginSMS(0728620560);
sms.print("vibration door");
sms.endSMS()
delay(1000);sms.flush();
delay(1000);
}
```

Listing-15- C code used to read the vibratio

A linguagem de código C para a interface e implementação do sensor de vibração é apresentada na listagem 15

5.12. Desenvolvimento do sistema

A rede de sensores utilizando o sistema Arduino foi desenvolvida através da implementação dos sensores e do sistema monitorizado remotamente neste projeto. Neste projeto, foi utilizado apenas um sistema de luz para mostrar a demonstração de dispositivos electrónicos geridos remotamente, juntamente com três detectores: um sensor de temperatura LM35 como detetor de calor, um sensor de infravermelhos passivo Panasonic como detetor de movimento e um sensor de proximidade de efeito Hall como detetor de intrusão e um sensor de distância para calcular a distância e um sensor de luz para monitorizar a luz e um sensor de vibração para detetar a vibração e um sensor de som para detetar o som elevado. O número de sensores utilizados e os dispositivos electrónicos monitorizados remotamente podem ser aumentados ou diminuídos de acordo com a necessidade da aplicação. Este projeto foi o projeto de demonstração do sistema de rede de sensores utilizando três sensores e uma estação móvel. O sistema de rede de sensores activou alarmes para a intrusão no edifício através de portas e janelas, bem como para o movimento de um ser humano nas instalações e nas áreas restritas. O sistema também vigiava a temperatura e accionava o alarme quando atingia o ponto crítico e acima dele. Todo o sistema foi a integração da implementação dos sensores e do sistema de luz descritos individualmente nos capítulos 5-5, 5-6,5-7,5-8,5-9,5-10e 5-11. O sistema é implementado na plataforma Arduino utilizando a placa Arduino Uno.

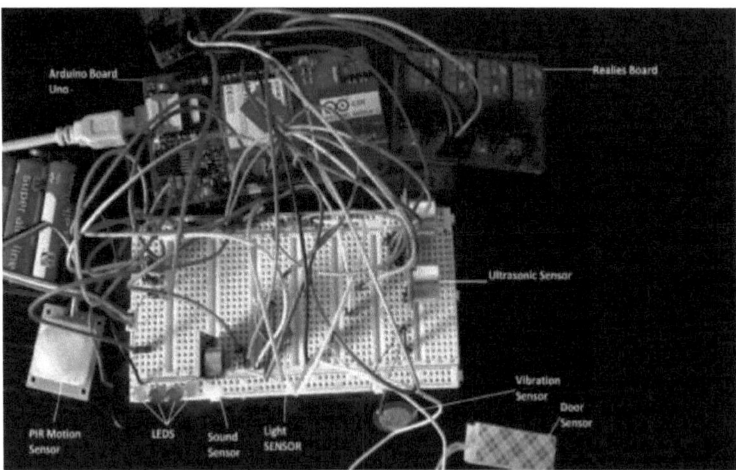

Figura 5-11: O sistema final

A Figura 5-11 mostra a unidade de microcontrolador com a placa Arduino, a proteção GPRS, a luz e os sensores. A fonte de alimentação da unidade pode ser fornecida externamente ou a partir da porta USB do computador. Neste projeto, a fonte de alimentação é fornecida a partir da porta USB e os sensores e o escudo GPRS alimentam a unidade. A ligação dos diferentes sensores e do shield pode ser vista na figura 13. Todo o sistema é implementado utilizando a linguagem de código C escrita na plataforma Arduino. O software escrito na plataforma pode ser carregado para o microcontrolador (ou seja, a placa Arduino) utilizando o software Arduino IDE.

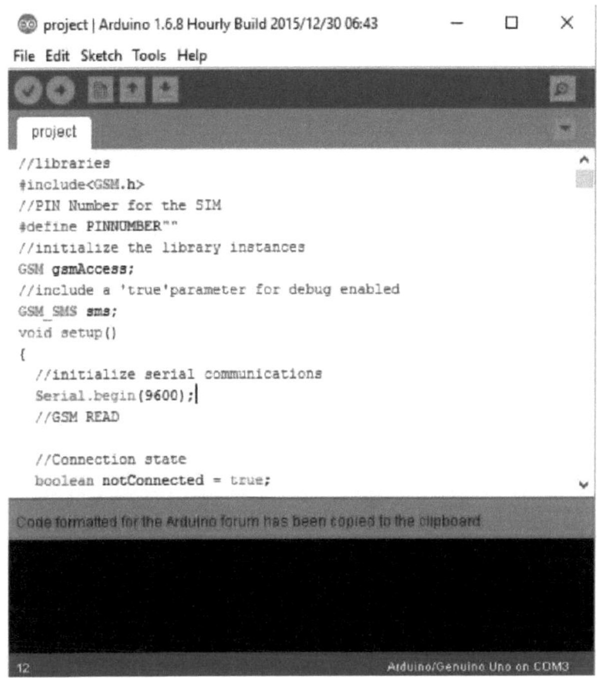

Figura (5-12): Captura de ecrã do Arduino Software IDE

O ambiente de desenvolvimento integrado (IDE) do Arduino é uma plataforma cruzada escrita em Java, enquanto os programas são escritos em C ou C++, como mostra a figura (5-12). A plataforma inclui uma biblioteca de software e um editor de código com funcionalidades como o realce da sintaxe, a correspondência de chaves e a indentação automática. Todo o programa é escrito na plataforma em linguagem C, que pode ser carregada para a placa através de um simples botão de carregamento. Basicamente, o projeto consiste na integração do software (código em linguagem C) utilizado para estabelecer a interface e implementar os sensores, o módulo GPRS e a gestão remota das mensagens. Para além disso, o programa contém mais algum código para coordenar entre essas partes, juntamente com algum código C extra em vez dos códigos individuais descritos acima

A aplicação é um sistema de integração do hardware e do software de diferentes módulos, juntamente com a estação móvel. Os sensores, juntamente com os relés e o módulo GPRS, estão ligados à placa Arduino e o programa de aplicação que controla o microcontrolador é escrito no IDE Arduino como um código em linguagem C que pode ser carregado na placa com a ajuda de um único botão. É sempre melhor ter uma ligação à terra comum do sistema para um melhor funcionamento da aplicação, o que também é seguido aqui, uma vez que o sistema tem uma ligação à terra comum. A estação móvel (ou simplesmente o telemóvel) interage com a placa Arduino com a ajuda do módulo GPRS ligado à placa. A principal função da estação móvel é receber os alertas enviados pelo microcontrolador. Os alertas são recebidos sob a forma de uma mensagem SMS com a ajuda da rede GSM disponível. Não é necessário desenvolver quaisquer novas funcionalidades no telemóvel para utilizar este sistema. Qualquer telemóvel simples que suporte o SMS pode ser utilizado como estação móvel nesta aplicação.

5.13. Testar o sistema

Em primeiro lugar, todas as unidades de hardware do sistema foram testadas e foi assegurado que estavam em boas condições de funcionamento. Em seguida, cada uma das unidades foi interligada e implementada individualmente com a placa de microcontroladores e conduzida com o software de acordo com as necessidades da aplicação. O teste da aplicação não foi efectuado de uma só vez após a sua conclusão. Em vez disso, cada unidade da aplicação foi testada individualmente. A segunda unidade não foi testada até que a primeira unidade desse o resultado esperado e até que não estivesse a funcionar de acordo com a necessidade da aplicação, depois de todas as unidades estarem a funcionar corretamente, as unidades foram mantidas juntas e depois todo o sistema foi desenvolvido e testado. Era fácil descobrir os erros e os problemas do sistema, uma vez que o comportamento de cada unidade era conhecido durante os testes. Seria impossível descobrir os problemas e os erros do sistema se o sistema fosse desenvolvido e testado depois de estar concluído. Depois de testadas as unidades de hardware, foi testada a comunicação da estação móvel com o módulo GSM.

Os requisitos para testar o escudo GSM são a placa Arduino, o escudo GSM, o cartão SIM, o telemóvel e ligar todos estes equipamentos em conjunto, como mostra a figura (5-13).

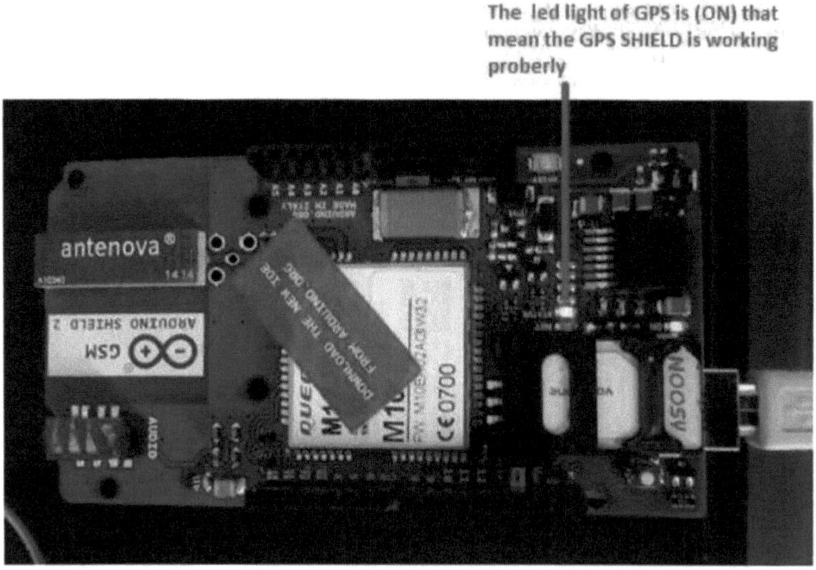

Figura (5-13) testar o GPS e o Arduino

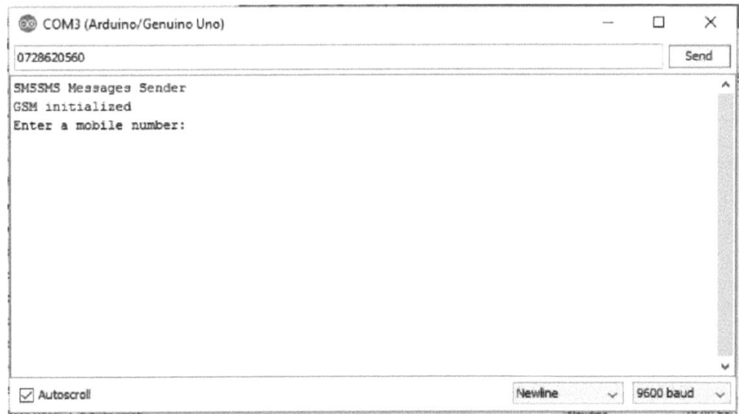

Figura (5-14) definir o número de telefone

A figura (5-14) ilustra a comunicação do módulo GSM com a estação móvel. Pode ver-se na figura (5-13) que o SIM está ativo e ligado à rede GSM. Da mesma forma, o módulo pode ligar para um número específico, bem como funcionar em modo de texto e enviar uma mensagem para um número específico. Os telemóveis utilizados para testar a comunicação com todo o sistema são o Samsung Galaxy note3 e o HTC desire.

Depois de nos certificarmos de que a comunicação da estação móvel com o GPS Shield estava a funcionar de acordo com o nosso desejo, os sensores foram ligados ao microcontrolador e os resultados foram captados e analisados com a ajuda do programa Arduino. Finalmente, todo o hardware e software foram integrados e todo o sistema foi desenvolvido depois de os sensores estarem a funcionar corretamente

O sistema continua a ler continuamente a temperatura e a saída do sensor de proximidade e do sensor de infravermelhos e de outros sensores num intervalo de um segundo. e será enviado um SMS se for acionado algum alarme entre a leitura das saídas. Em seguida, o sistema começa novamente a ler as saídas num intervalo de um segundo.

5.14. Resultado

O objetivo do projeto era implementar o sistema de rede de sensores e o objetivo foi atingido. A unidade de microcontrolador responde ao envio da mensagem para o telemóvel de acordo com a necessidade da aplicação, bem como dispara o alarme em caso de situação crítica. O objetivo da aplicação de gerir os dispositivos electrónicos à distância também foi alcançado.

A tabela (5-1) mostra os alertas enviados do microcontrolador para a estação móvel.

Unit	Output alarm triggering Condition	Response to the Mobile (the message sent)
Heat detector	If the temperature is >55 °C	The temperature is too high
Intrusion detector	If the output of the proximity sensor is low	Someone has opened the door
Motion detector	If the output of the PIR sensor is high	Someone is moving around the building
Light detector	If the light sensor is <=500	The light is off
Sound detector	If the output sound sensor is high	The sound is high
Vibration detection	If the output of the sensor is >=1000	The vibration is High
Distance detection	If the output of the distance sensor is low	someone near the building

Como se pode ver na tabela (5-1), os sensores de alerta são enviados apenas para o telemóvel. No entanto, por exemplo, o sensor PIR e o sensor de proximidade accionam o alarme se houver algum movimento em torno das instalações restritas ou se alguém tentar entrar no edifício através de portas ou janelas.

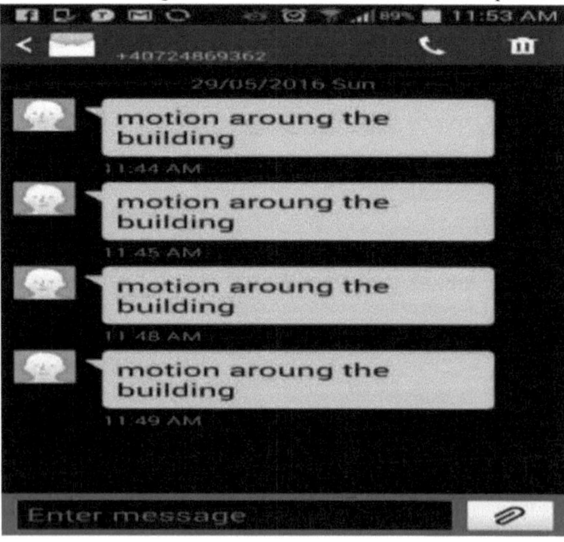

Figura 5-14: Captura de ecrã dos alarmes de movimento recebidos pela estação móvel

Figura 5-15: Captura de ecrã dos alarmes de vibração recebidos pela estação móvel

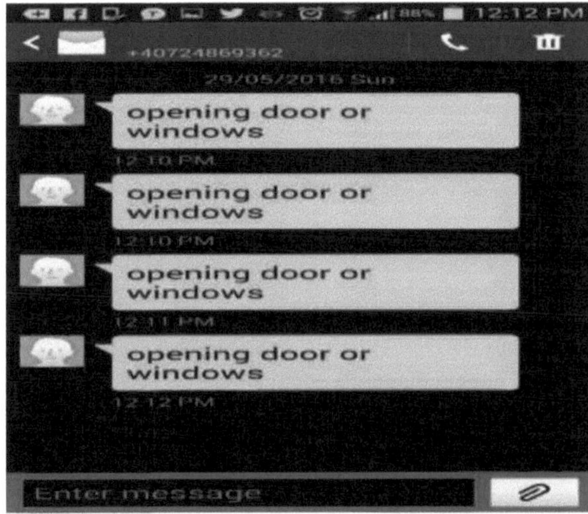

Figura 5-16: Captura de ecrã dos alarmes de portas ou janelas recebidos pela estação móvel

Figura 5-17: Captura de ecrã dos alarmes de temperatura recebidos pela estação móvel

Figura 5-18: Captura de ecrã dos alarmes sonoros recebidos pela estação móvel

Figura 5-19: Captura de ecrã dos alarmes luminosos recebidos pela estação móvel

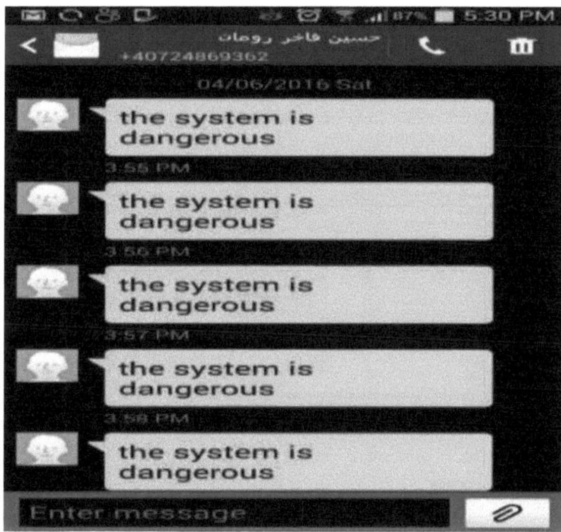

Figura 5-20: Captura de ecrã dos alarmes ultra-sónicos recebidos pela estação móvel

As figuras (5-14), (5-15), (5-16), (5-17), (5-18), (5-19), (5-20) mostram os alarmes de movimento e vibração, de porta e temperatura, de som e de distância luminosa accionados em caso de estado crítico. O SMS enviado pelo microcontrolador é diferente para os alarmes accionados pelo sensor de movimento. Assim, é possível saber qual o sensor responsável pelo acionamento do alarme e ter uma ideia do estado das instalações. Pode verificar-se a partir de19 que o resultado da aplicação vai ao encontro do conceito e das motivações do sistema.

5.15. Discussão

O desenvolvimento da tecnologia tem vindo a afetar o estilo de vida das pessoas. Estas dependem da tecnologia até para realizar as suas actividades diárias e a tecnologia tornou o estilo de vida mais sofisticado e relaxante. Parece que é impossível viver sem tecnologia neste século. A tecnologia avançada substituiu o estilo de vida tradicional das pessoas. Por exemplo, uma máquina de café substituiu a forma tradicional de fazer café, as fechaduras electrónicas controladas por impressões digitais e por voz substituíram as fechaduras tradicionais, as notícias e os meios de comunicação electrónicos substituíram as notícias e os meios de comunicação tradicionais em papel, os cartões bancários e as compras em linha substituíram o dinheiro e as compras tradicionais. Os exemplos acima referidos são algumas das tecnologias menos avançadas que substituem o estilo de vida tradicional. Para além destas, existem muitas tecnologias avançadas utilizadas pelas pessoas para diferentes fins, que estão a desempenhar um papel significativo na mudança do estilo de vida das pessoas. Com o desenvolvimento da tecnologia, o conceito de casa simples também se tem vindo a transformar em edifício inteligente e o conceito de construção mudou drasticamente durante a última década.

O avanço da tecnologia não só desempenhou um papel significativo no desenvolvimento de aspectos positivos, como também desempenhou um papel importante no desenvolvimento de aspectos negativos. Aumentou o risco de roubo e intrusão utilizando as mais recentes tecnologias modernas disponíveis. O estilo de vida agitado dos seres humanos, juntamente com o risco crescente, levou à necessidade de vigilância remota dos edifícios. Existem diferentes formas de vigilância, mas a tecnologia mais fácil e mais avançada acessível a todos é a vigilância por telemóvel. O telemóvel pode ser utilizado para diferentes fins com a ajuda das aplicações desenvolvidas para os telemóveis.

Este projeto é um projeto de aplicação simples que demonstra o sistema de rede de sensores. Os relés (que representam os dispositivos electrónicos) são controlados pelo microcontrolador e utilizam o serviço de SMS e a vigilância da casa é feita utilizando o telemóvel. O telemóvel recebe alertas em caso de intrusão ou movimento em torno das instalações restritas, juntamente com o aumento da temperatura acima do limite ou o desligamento da iluminação ou qualquer deteção dos sensores instalados em diferentes locais. A temperatura do local onde os sensores estão instalados pode ser conhecida a qualquer momento antes de atingir o limite crítico definido pelo utilizador. A intrusão é detectada pelo sensor de proximidade de efeito Hall, o movimento pelo sensor PIR e a temperatura pelo sensor de temperatura. e os restantes sensores funcionam de acordo com a sua função

Como este projeto era um projeto simples de demonstração de um sistema de rede de sensores, foram utilizados poucos sensores e um microcontrolador. O projeto pode ser alargado aumentando o número de sensores utilizados e aumentando o número de locais de instalação. A gestão remota de dispositivos electrónicos pode também ser alargada com a utilização de diferentes dispositivos electrónicos reais. Do mesmo modo, o projeto está limitado à disponibilidade da rede GSM, uma vez que o módulo GPRS e o próprio telemóvel utilizam a rede GSM disponível para a comunicação. A aplicação pode ainda ser desenvolvida utilizando diferentes tecnologias sem fios, como a tecnologia Bluetooth e a tecnologia de infravermelhos ou a Internet, para comunicar entre a unidade de microcontrolador e o telemóvel. O hardware, o software e o mecanismo utilizados neste projeto podem ser implementados para desenvolver um sistema completo de rede de sensores.

O projeto foi concluído dentro do prazo previsto e com o resultado esperado. No entanto, registaram-se muitos erros de hardware e software durante o desenvolvimento da aplicação. Houve muitos bugs no software, bem como erros de ligação no hardware, que surgiram com o desenvolvimento da aplicação e que foram resolvidos individualmente. Apesar de ter lido a folha de dados dos sensores antes de os utilizar, o sensor PIR queimou-se por ter ligado acidentalmente os pinos errados. Acidentalmente, a ligação à terra e a fonte de alimentação foram trocadas, o que queimou o sensor e foi necessário encomendar um novo sensor. Da mesma forma, houve alguns erros de hardware ao ligar os sensores e o led ao microcontrolador. Durante o projeto, ocorreram muitos erros de ligação que não levaram à danificação de qualquer unidade de hardware, exceto o sensor PIR, que foi reparado mais tarde.

Para além do erro de ligação, havia muitos erros no software do sistema que foram identificados e corrigidos. O primeiro problema foi encontrado durante o envio da mensagem SMS com o alarme para a estação móvel. A primeira mensagem foi enviada com êxito, mas a mensagem seguinte não pôde ser enviada.

5.16. Trabalho futuro

Podemos desenvolver a conceção do projeto: o circuito de controlo (que representa os dispositivos electrónicos) é controlado por todo o sistema através do telemóvel, utilizando o serviço SMS, e a vigilância do edifício é feita através do telemóvel.

O microcontrolador envia uma resposta ao telemóvel sob a forma de SMS, indicando se o circuito de controlo está ligado ou desligado, de acordo com as instruções (estado do circuito de controlo) enviadas pelo telemóvel. O circuito de controlo pode ser ligado e desligado através do SMS, que pode ser visualizado, e a resposta à instrução também será diferente: as instruções enviadas para o microcontrolador a partir da estação móvel e a saída das instruções, bem como a resposta enviada para a estação móvel a partir do microcontrolador, respetivamente

Conclusão

O objetivo do projeto era implementar um sistema de rede de sensores, supervisionando o estado do ambiente e os sensores em qualquer edifício remotamente com um telemóvel e receber alertas sobre intrusão e movimento em instalações restritas. O objetivo foi alcançado com êxito. Os dispositivos foram controlados utilizando o microcontrolador Arduino e os alertas foram recebidos por SMS. Um sensor de proximidade de efeito Hall e um sensor de infravermelhos passivo e um sensor de luz e um sensor de distância e um sensor de vibração e um sensor de som foram utilizados como detectores para detetar a intrusão e o movimento e o resto das funções foram atribuídas a outros sensores em redor e nas instalações restritas, respetivamente.

Há muitos sistemas de rede de sensores disponíveis no mercado que custam centenas de euros. A conceção do próprio sistema de segurança do edifício permite poupar centenas de euros, uma vez que é mais barato e o custo pode ser decidido pelo designer, que é o utilizador final do sistema. Não só a vertente económica, mas também a vertente técnica é mais flexível com este conceito. Com este conceito, o projetista pode decidir o tipo e o número de sensores a utilizar e a área a cobrir. Os sistemas disponíveis no mercado estão limitados ao número, tipo e área de cobertura, bem como ao número de dispositivos electrónicos que podem ser controlados. A aplicação também permite flexibilidade em relação ao número de dispositivos electrónicos controlados.

A flexibilidade com a personalização técnica e a economia são as principais vantagens da conceção. No entanto, o sistema está limitado à rede GSM disponível e não funcionará se a rede GSM não estiver disponível. O sensor de infravermelhos pode ser acionado com o movimento de alguns animais, como uma ratazana, nas imediações das instalações ou com a luz a incidir diretamente no sensor, o que pode desencadear um falso alarme. O projeto pode ser alargado através da utilização de outras tecnologias de comunicação, por exemplo, a comunicação sem fios por radiofrequência, a tecnologia Bluetooth ou a Internet. As ideias e informações utilizadas no projeto podem ser utilizadas para o desenvolvimento do sistema.

Referência

[1] Wikipédia) / https://en.wikipedia.org/wiki/Microcontroller

[2] *Heath,* Steve *(2003).* Projeto de sistemas embarcados. Série *EDN* para engenheiros de projeto (2 ed.). Newnes. pp. 11-12. *ISBN 9780750655460*

[3] Atmel Corporation. Folha de dados do ATmega328 [Online]. EUA: Atmel Corporation; 10/2009 URL: http://www.atmel.com/Images/doc8161.pdf

[4] conceção e implementação de um sistema doméstico inteligente)/ Subash Luitel

[5] 30 Projectos Arduino™ para o Evil Genius™/Simon Monk)

[6] Guia do microcontrolador Arduino/W. Durfee, Universidade de Minnesota)

[7] (www.arduino.cc/en/guide/introduction)

[8] Arduino. Placa Arduino Uno [Online]. Itália: URL do Arduino: (www.arduino.cc/en/Main/ArduinoBoardUno

[9] Programação Arduino para iniciantes (Brian Evans)

[10] (Introdução ao Arduino /Massimo Banzi /2nd addition)

[11] Livro Arduino Simples

[12] Anttalainen T. Telecommunications Network Engineering. 2nd ed. London: Artech House Inc; 2003

[13] ActiveXperts Software B.V. Introdução ao GPRS [Online]. Países Baixos: Ac-tiveXperts Software B.V. URL: http://www.activexperts.com/mmserver/cellular/gprsintro

[14] https://www.arduino.cc/en/Guide/ArduinoGSMShield

[15] SIMCom Wireless Solutions Co. Ltd. Especificações do SIM900 [Online]. China: SIMCom Soluções sem fios Co Ltd. URL: http://wm.sim.com/producten.aspx?id=1019

[16] Syeda Anila Nursat. Introdução aos comandos AT e suas utilizações [Em linha]. Paquistão: Software Desenvolvedor Syndustria Pvt. Ltd; 2010. URL: http://www.codeproject.com/Articles/85636/Introduction-to-AT-commands-and-its-uses

[17] Patranabis D. Sensors and Transducers. 2ª ed. Índia: PHI Learning Pvt. Ltd; 2003.)

[18] Vetelino J. e Raghu A. Introduction to Sensors. EUA: CRC Press; 2011.

[19] Chang Liu. Fundamentos de MEMS. 2ª ed. EUA: Prentice Hall; 2010

[20] Newman R. e Elena Gaura. Smart MEMS and Sensor Systems. Inglaterra: Imperial College Press; 2006

[21] Watlow Missouri Inc. O Livro Quatro da Série Educacional Watlow, Sensores de Temperatura [Online]. EUA: Watlow Missouri Inc. URL: http://www.mc.co.il/Media/Doc/TechnicalInformation/Temp_Measuring1.pdf

[22] Bernie Siegal. An Introduction to diode thermal measurements [Online]. EUA: Thermal Associados de Engenharia; 2009. URL: http://www.thermengr.net/An_Introduction_to_Diode_Thermal_Measurements6.pdf

[23] Texas Instruments. LM35 Precision Centigrade Temperature Sensors (Sensores de Temperatura Centígrados de Precisão LM35). EUA: Texas Instrumentos; 2013. URL: http://www.ti.com/lit/ds/symlink/lm35.pdf

[24] https://giltesa.com/2012/08/31/sensores-de-temperatura-para-arduino

[25] Eletrónica do Futuro. (Arduino). (http://store.fut-electronics.com/index.php

[26] https://learn.adafruit.com/pir-passive-infrared-proximity-motion

[27] (www.wired.com/2012/09/using-motion-detectors-with-an-arduino/http://bildr.org/2011/06/pir_arduino.

[28] https://learn.adafruit.com/photocells/overview.

[29] https://leam.adafruit.com/photocells/using-a-photocell 8/5/2016

[30] https://robots.thoughtbot.com/arduino-bathroom-occupancy-detetor#door-sensors.
[31] https://www.adafruit.com/products/375
[32] https://learn.sparkfun.com/tutorials/sound-detetor-hookup-guide#introducing-the-sound- detetor
[33] henrysbench.capnfatz.com/henrys-bench/arduino-sensors-and-input/arduino-sound-detection- sensor-tutorial-and-user-manual/
[34] (Piezo Vibration Sensor Get Starting / www.fut-electronics.com/wp-content/plugins/fe.../Piezo%20Vibration%20Sensor.pdf.
[35] (Sensor de vibrações 1104/www.electronicaestudio.com/docs/PH1104.pdf).
[36] https://www.arduino.cc/en/Tutorial/Knock
[37] Módulo relé 5V Arduino KY-019 - TkkrLab
[38] .[http://www.hobbyist.co.nz/?q=interfacing-relay-modules-to-arduino#]
[39] https://en.wikipedia.org/wiki/Switch
[40] https://learn.sparkfun.com/tutorials/how-to-use-a-breadboard
[41] Panasonic Electric Works Corporation of America. Passive Infrared Motion Sen-sors [Online]. EUA: Panasonic Electric Works Corporation of America. URL: http://www.farnell.com/datasheets/1537854.pdf .
[42] http://www.tautvidas.com/blog/2012/08/distance-sensing-with-ultrasonic-sensor-and-arduino/

Apêndice

Código do sistema em linguagem C

```
//libraries
#include<GSM.h>
//PIN Number for the SIM
#define PINNUMBER""
//initialize the library instances
GSM gsmAccess;
//include a 'true'parameter for debug enabled
GSM_SMS sms;
void setup()
{
  //initialize serial communications
  Serial.begin(9600);
  //GSM READ

  //Connection state
  boolean notConnected = true;
  //start GSM shield
  //if your has PIN, pass it as a parameter of begin()in quotes
  while(notConnected)
  {
    if (gsmAccess.begin(PINNUMBER)==GSM_READY)
    notConnected = false;
    else
    {


      Serial.println("Not Connected");
      delay(1000);
    }
  }
}
  void loop()
  {
    Serial.println("Arduino");
    Serial.println("////////////////////");
    delay(1000);

    //Light
    const int PP =A0;
    pinMode(9,OUTPUT);
    int PR;
    PR=analogRead(PP);
    Serial.println("light");
    Serial.println(PR);
    Serial.println("************");
    if (PR<=500)
    {
      digitalWrite(9,HIGH);
      delay(1500);
      digitalWrite(9,LOW);
      delay(1000);
```

```
Serial.println("light low");
Serial.println(PR);
Serial.println("/////////////////");
sms.beginSMS("0728620560");
sms.print("light low");
sms.endSMS();
sms.flush();
delay(100);
}
////sound
int So=7;
int Si=4;
int S;
pinMode (So,OUTPUT);
pinMode (Si,INPUT);
S=digitalRead(Si);
   Serial.print(S);
   Serial.print("*******************");
   if (S==HIGH)
   {
    digitalWrite (So,HIGH);
    delay (1000);
    digitalWrite (So,LOW);
    Serial.println("high sound");
    Serial.println(S);
    Serial.println("///////////////");
    sms.beginSMS("0728620560");
  sms.print("high sound");
  sms.endSMS();
  //loop the buzzer sound
  for (int i=0 ; i<=20 ;i++)
  {
    digitalWrite(13,HIGH);
    delay(500);
    digitalWrite(13,LOW);
    delay(300);
  }
  delay(1000);
  sms.flush();
  delay(1000);
 }
  else
  {
    digitalWrite(So,LOW);
  }
  delay(1000);


  ////door sensor
  pinMode(8,INPUT);
  pinMode(10,OUTPUT);
  int x;
  x=digitalRead(8);
  Serial.println("door");
```

```
Serial.println(x);
Serial.println("*****************");
delay(1000);
if(x==0)
{
  sms.beginSMS("0728620560");
  sms.print("opening door or windows");
  delay(1000);
  sms.endSMS();
  delay(1000);
  sms.flush();
  delay(1000);
  digitalWrite(10,HIGH);
  delay(2000);
  digitalWrite(10,LOW);
  delay(1000);
  Serial.println("opening door or windows");
  Serial.println(x);
  Serial.println("////////////////////");
  delay(1000);
}

///////motion
pinMode(12,INPUT);
pinMode(13,OUTPUT);
int bn1;
//....... bn=1;//test
bn1=digitalRead(12);
Serial.print("motion");
Serial.println(bn1);
Serial.print("******************");
if (bn1==1)
{
  sms.beginSMS("0728620560");
  sms.print("motion aroung the building");
  sms.endSMS();
  delay(1000);
  sms.flush();
  delay(1000);
  ///loop for buzzer motion
  for (int i=0;i<=30;i++)
  {
    digitalWrite(13,HIGH);
    delay(150);
    digitalWrite(13,LOW);
    delay(50);
  }
  /////////
  Serial.println("motion around the building");
  Serial.println(bn1);
  Serial.println("////////////////////////");
```

```
// temperature sensor
int St=A2;
pinMode(11,OUTPUT);
int R;
float T;
R=analogRead(St);
T=(5.0*R*100)/1024;
Serial.println("temperature");
Serial.println(T);
Serial.println("*************");
if(T>=30)
{
  digitalWrite(11,HIGH);
  delay(1000);
  digitalWrite(11,LOW);
  delay(1000);
  Serial.println("temperature high");
  Serial.println(T);
  Serial.println("///////////////");
  sms.beginSMS("0728620560");
  sms.print("temperature high");
  sms.endSMS();
  delay(1000);
  sms.flush();
  delay(1000);
}
```

```
    ////vibration
    const int Pv=A4;
 //   pinMode(5,OUTPUT);
    int Ph;
    Ph=analogRead(Pv);
    Serial.println("vibration door");
    Serial.print(Ph);
    Serial.print("??????????????????");
    if(Ph>=1000)
    {
      digitalWrite(9,HIGH),
      delay(500);
      digitalWrite(9,LOW);
      delay(1000);
      Serial.println("vibration door");
      Serial.println(Ph);
      Serial.println("////////////////////////");
      sms.beginSMS("0728620560");
      sms.print("vibration door");
      sms.endSMS();
      delay(1000);
      sms.flush();
      delay(1000);
```

```
}
          }

//////distance
pinMode(6,OUTPUT);
pinMode(4,OUTPUT);
pinMode(5,INPUT);
long duration,distance;
digitalWrite(6,LOW);
delayMicroseconds(2);
digitalWrite(6,HIGH);
delayMicroseconds(10);
digitalWrite(6,LOW);
 duration = pulseIn(5,HIGH);
distance=(duration/2)/29;
Serial.println("distance system");
Serial.println(distance);
delay(1000);
Serial.println("??????????????");
if(distance>=10)
{
  for(int i=0; i<=20; i++)
  {
    digitalWrite(10,HIGH);
    delay(200);
    digitalWrite(10,LOW);
    delay(100);
  }
  digitalWrite(4,HIGH);
  delay(1000);


    digitalWrite(4,LOW);
    delay(1000);
    Serial.println("distance system");
    Serial.println(distance);
    Serial.println("////////////////");
    sms.beginSMS("0728620560");
    sms.print("the system is dangerous");
    sms.endSMS();
    delay(1000);
    sms.flush();
    delay(1000);
  }
}
```

Printed by Books on Demand GmbH, Norderstedt / Germany